KB252292

영양소를 골고루 갖춘 제철 음식

어르신 집반찬 요리

머리말

*

　최근 우리나라 전체 인구 중 65세 이상 고령층이 차지하는 비율이 급격하게 증가하고 있습니다. 그중에서 관절염, 고혈압 등 적어도 한 가지 이상 만성질환을 앓고 있는 어르신들이 대부분을 차지하고 있으며, 일상생활에 지장이 있는 어르신들이 갈수록 증가하고 있는 추세입니다.

　또한 어르신들의 사회 참여 기회가 제한됨에 따라 활동성을 잃어가고 있습니다. 그리고 제대로 된 일자리가 생기지 않아 불안정한 수입으로 체계적인 생활이 어려워지게 되어 건강문제가 악화되고 있습니다. 이러한 어르신의 건강문제를 해결하기 위해 여러 가지 건강 보장 프로그램이 절실하게 필요한 때이며, 어르신의 건강문제는 개인적인 차원에서 벗어나 가족 구성원 및 요양기관에서 다루어져야 합니다. 건강한 노년기를 보내기 위해서는 균형 있는 영양소를 규칙적으로 식사하는 것이 무엇보다도 중요하며, 이는 어르신들의 건강에 큰 영향을 미칩니다.

　따라서 본 저서는 어르신들의 식욕을 돋울 수 있고 영양소가 골고루 함유되어 있는, 손쉬운 집반찬 요리로 구성하였습니다. 또한 월별 사용한 제철 식재료의 특성을 소개하여 어르신들의 식습관 개선에 도움을 주고자 하였으며, 일일 6대 영양소 섭취량을 제공하기 위해 집 반찬의 영양소 함량을 표시하였습니다.

　본 저서는 어르신들의 건강문제를 해결하기 위해서, 어르신들이 아닌 다른 사람들을 이해시킴으로써, 어르신들을 위하여 무엇을 할 것인가를 주시시키는 길잡이가 되기를 바랍니다. 또한, 이 책을 통하여 어르신들의 생활 속에 활력과 건강을 유지하는 데 도움을 주고, 푸른 하늘을 보면서 인생의 여유를 누릴 수 있도록 많은 어르신들의 따뜻한 동반자가 되었으면 합니다. 끝으로 이 책을 출판하기 까지 여러 면에서 도움을 주신 도서출판 효일 관계자 여러분들께 감사를 표합니다.

저자 일동

Contents

PART 1

노년기 신체적·심리적·사회적 변화

어르신 집반찬 요리

노년기 신체적·심리적· 사회적 변화

1. 노년기의 신체적 변화

(1) 신체구조의 변화

사람은 나이가 들면서 신체 외형의 변화를 경험하게 된다. 체중은 대체로 60세부터 줄어드는 현상이 나타나며, 연골조직이 퇴화하여 신장도 30대에 비해서 90대는 2% 정도 줄어든다. 치아는 60대에 14개, 70대에 11개, 그리고 80대에는 6개 정도로 줄어든다. 머리카락은 멜라닌 세포가 감소하여 은빛으로 변하는 데, 이러한 노인의 머리색에 비유하여 실버세대라고 부른다. 노인의 피부는 젊은 사람에 비해 전체적으로 빛깔이 동일하게 유지되지 않는다. 나이가 들면서 얼굴은 창백해지고, 얼룩반점이 많이 생기며 특히 피부가 건조해지는 현상이 나타난다. 외부에 노출된 피부는 점점 얇아지고, 주름살이 생기며, 피부의 탄력이 줄어든다. 일교차가 심한 환절기에는 신체의 면역력이 떨어져 호흡기 질환에 걸리기 쉽다. 면역력이 떨어진 노인이 새벽에 운동을 하면 갑작스러운 온도 변화로 인해 쓰러지는 경우도 생긴다. 연령이 높아짐에 따라 지방은 증가하게 되는 반면에, 수분은 줄어드는 변화가 나타난다. 뼛속의 칼슘이 고갈되어 뼈의 질량이 감소하고, 골밀도가 낮아짐으로써 골절을 당하기 쉽고, 골다공증에 걸리기 쉽다. 특히, 여성은 폐경기 이후의 성호르몬 분비가 감소하고 신체활동이 줄어들면서 남성에 비해 뼈의 손실이 증가한다. 그리고 연골조직이 얇아지고 탄력이 약화되어 관절염을 일으키기도 한다.

(2) 신체기능의 변화

신체 내부의 장기는 40세부터 중량이 줄어드는 데, 특히 뇌 중량은 젊은 시절에 비하여 95% 수준으로 감소한다. 이러한 중량 변화는 장기 기능의 변화를 초래한다. 심장근육 주변의 모세혈관이 동맥경화로 인해 심장을 비대하게 만들고, 지방분이 증가하면서 심장의 중량을 증가시킨다. 따라서, 심박출량과 심장박동능력이 감소하면서 노년기에는 심장질환에 걸릴 가능성이 증가한다. 나이가 들면서 동맥벽이 비대해지고 탄력성이 줄어들어 혈액순환이 원활하지 못하게 된다. 이러한 변화로 인해 많은 노인들이 고혈압, 동맥경화, 뇌졸중 등의 질환을 가질 가능성이 높아진다. 노년기에는 폐조직의 탄성 저하, 폐용적의 감소, 기관지 확장, 잔기량 증가로 기관지 질환이나 호흡기 질환에 걸릴 가능성이 증가하게 된다. 나이가 들면 소화효소 분비량이 감소하고, 위 근육이 약화되는 등 소화기능이 급격히 떨어진다. 또한, 노년기가 되면 노폐물을 걸러주는 역할을 하는 신장기능이 젊은 시절에 비해 50% 수준으로 감소하면서, 신장질환에 걸릴 가능성이 높아지게 된다. 방광이나 요도기능이 떨어져 소변을 보는 횟수가 증가하는 데, 특히 수면 중에 화장실을 다녀오는 경우가 빈번해진다. 나이가 들면서 운동능력이 저하되어 필요한 에너지가 감소한다. 반면에 탄수화물 대사율이 증가하면서 동시에 혈당도 증가하는 현상이 나타나고, 결국 당뇨병에 걸릴 가능성이 높아지게 된다.

2. 노년기의 심리적 변화

(1) 감각기능

시각 기능은 40대 이후부터 약화되기 시작하여 70세 이후가 되면 정상시력을 유지하기가 어려워진다. 청각 기능은 55세 이후부터 음의 고저에 대한 변별력이 낮아지고 더 나이가 들면 보청기와 같은 청력보조기구가 필요해진다. 미각 기능은 젊은 시절에는 맛있는 음식을 찾아다닐 정도로 뛰어난 기능을 보이지만, 80세 이후에는 현저히 맛을 보는 능력이 떨어진다. 후각 기능은 65세부터 약화되기 시작하여 80세 이후가 되면 노인의 3/4 정도가 후각 문제를 경험하게 된다. 즉, 당장 위급한 화재상황이 발생해도 냄새를 맡지 못해서 화재경보기가 울리지 않는 한, 위험을 감지하기 어렵게 된다. 음식 냄새를 못 맡게 되면 제대로 된 음식의 맛을 느낄 수가 없어서 식욕이 저하된다. 촉각 기능은 45세 이후부터 급격하게 약화되기 시작한다. 나이가 들면 뇌의 신경자극 전달세포의 감소, 연령 증가에 따른 조심성 등으로 인해 운동반응, 반응시간, 문제해결, 기억력, 정보처리과정에서 반응속도가 현저하게 떨어진다. 특히, 이러한 특성으로 인해 나이가 많은 운전자들은 젊은 운전자들에 비해 교통사고의 위험성이 매우 커진다. 나이가 많아지면 일반적으로 수면시간이 줄어들게 된다. 젊은 시절에는 하루 평균 7~8 시간의 수면을 취하지만 55세 이후에는 급격하게 수면시간이 줄어든다. 특히, 65세 이상은 5~6시간 정도만 수면을 취하는 경우가 많다. 노인은 젊은 사람보다 에너지 소모가 줄기 때문에 수면을 통해 신체기능을 회복할 필요성이 낮아진다. 대부분 낮잠을 자는 습관을 가지고 있으므로 수면 시간 단축은 자연스러운 현상이다. 다만, 낮에 꾸벅꾸벅 조는 경우가 너무 많으면 좋지 않고, 조는 시간이 길어도 좋지 않으며, 낮에 2~3회, 1회에 15분 정도 졸거나 낮잠을 자는 것이 좋다.

(2) 정서 및 성격 변화

노년기에 나타나는 특징적 성격 변화 10가지를 제시하면 다음과 같다.

① 내향성 및 수동성의 증가: 노년기에는 시각적으로 확인하기보다는 보이지 않는 내면적인 부분에 많은 관심을 기울이게 된다. 문제에 대한 해결에 있어서 자신의 생각과 판단보다는 타인에게 의존하려는 경향이 증가한다.

② 조심성의 증가: 노년기에는 전반적으로 감각능력이 저하되면서 자신이 결정한 사안에 대한 자신감의 저하로 여러 번 확인하는 조심성이 증가한다.

③ 경직성의 증가: 노년기에는 그동안 자신에게 익숙했던 태도와 방법을 고수하려는 경향이 있고, 이러한 특성으로 인해 융통성이 떨어지고 경직성이 증가한다.

④ 우울성의 증가: 노년기에는 자신의 신체가 질병으로 고통받고 친구나 배우자가 사망하게 되고, 경제적으로 어려워진다. 또한, 젊은 시절에 비해 사회로부터 외면당하는 기분이 들고, 과거를 회상하게 되는 현상이 반복되면서 우울성이 증가한다.

⑤ 삶에 대한 회상의 증가: 젊은 시절에는 과거를 회상하는 경우가 별로 없고, 오히려 미래를 대비하기에 바쁜 시절을 보내는 반면, 노년기에는 그동안의 자신의 인생을 돌아보고 남아 있는 시간 동안 인생의 의미를 찾으려고 노력한다.

⑥ 친근한 사물에 대한 애착 증가: 노년기에는 젊은 시절부터 자신이 사용해 왔던 물건에 대한 애착이 증가한다. 즉, 과거부터 사용하던 물건을 잘 버리지 않으려는 성향이 증가한다.

⑦ 성역할 지각의 변화: 우리 사회는 태어나는 순간부터 성역할에 있어서 남성은 강함, 여성은 부드러움을 특성으로 정의하고 있다. 그러나, 노년기에는 성역할에 대한 지각이 변화하는 데, 남성은 점점 부드러워지고 여성은 점점 강해지는 성향이 증가한다.

⑧ 의존성의 증가: 노년기가 되면 이전까지 경험하지 못했던 다양한 어려움에 직면하게 되는 반면, 어려움에 대비할 수 있는 자원은 부족해서 전반적으로 의존성이 증가한다.

⑨ 시간 전망의 변화: 시간 전망의 변화는 40대 이후부터 나타나기 시작하는 데, 남아 있는 시간을 계산하고 시간이 얼마 남지 않았다는 사실을 회피하기 위해 과거 회상에 집중하거나 과도하게 미래지향적으로 변한다.

⑩ 유산 상속의 경향: 노년기에는 과거에는 중요하지 않았던 죽음에 대한 의미나 생각을 많이 하게 되고, 죽기 전에 자녀에게 무언가를 물려주려는 경향이 강해진다. 이러한 유산에는 예술작

품과 같은 물건도 있지만, 자신의 지식과 기술 등도 포함된다.

위에 제시된 다양한 특성을 바탕으로 노년기 성격 유형을 제시하면 다음과 같다.

① 성숙형: 모든 일을 신중하게 처리하며, 과거에 집착하지 않는다. 자신의 남아 있는 인생을 불행하게 느끼거나 죽음에 대하여 심각하게 불안해하지 않는다.
② 방어형: 자신이 나이가 들어간다는 것을 편안하게 받아들이지 못하고, 단순히 잊기 위해 활발한 사회 활동을 지속적으로 유지한다.
③ 은둔형: 은퇴 후 과거에 힘들었던 일이나 복잡한 대인관계에서 벗어나 조용히 수동적으로 보내는 것에 만족한다.
④ 분노형: 왜 나는 이렇게 살았을까? 라고 생각하며, 자신의 젊은 시절은 실패했다고 느낀다. 또한, 실패의 책임을 자신보다는 타인에게 전가한다. 자신의 나이 듦을 수용하지 못하고 분노한다.
⑤ 자학형: 젊은 시절에 대한 후회가 많고, 자신의 인생 실패의 원인이 자신에게 있다고 생각하면서, 자신을 무가치하고 열등하다고 스스로 자학한다.

3. 노년기의 사회적 변화

최근 평균수명이 증가하고 출산율이 감소함에 따라 과거에 비해 자녀를 집에서 양육하는 기간이 점점 더 줄어들고 있다. 또한, 부모세대에 대한 자녀세대의 부양의식이 약화되면서 노인부부만 살게 되는 시기가 점점 더 빨라지고 있다. 이러한 변화의 흐름은 자녀를 떠나보내고 노인부부만 남게 되는 시기가 연장된다는 것을 의미한다. 노년기에 행복한 부부관계가 노후생활 만족도를 결정하는 중요한 요인이 되고 있다. 노년기에 행복한 부부관계를 형성 및 유지하려면 일차적으로 건강을 잘 유지해야 하며, 이차적으로 경제적 여유를 가질 수 있는 환경이 전제되어야 한다. 특히, 남성 노인의 경우 오랜 시간 직장 생활을 마친 후 가정이라는 울타리로 돌아오게 되지만, 새로운 환경에 잘 적응하지 못하고 배우자 및 자녀와 심각한 갈등을 겪는 경우가 빈번하다. 따라서, 남성 노인이 직장을 은퇴한 후 가정에 적응하기 위한 사전 교육 및 학습이 절실하게 필요하다.

노년기에는 성인 자녀와 원만한 관계를 형성해 나가는 것이 필요하다. 하지만 그동안 부모의 보살핌을 받아오던 자녀의 입장에서 이제는 부모를 부양해야 하는 입장으로 변화함에 따라 상당한 부양부담과 어려움을 겪게 된다. 특히, 전통적인 효 사상이 약화되고 있는 상황에서 자녀와 같이 사는 비율도 급격히 낮아졌고, 연락 및 만남의 횟수도 점점 감소함에 따라 노인부모와 성인 자녀의 관계가 과거에 비해 소원해 지는 질적인 변화를 겪고 있다. 따라서, 노인부부와 성인 자녀의 관계가 성공적으로 형성되려면 서로가 조금 더 이해하고 배려하는 자세로 지내려는 노력이 필요하다. 즉, 무조건 서로에게 의존하고 의지하려는 자세보다는 서로에게 도움을 주는 입장을 가지는 것이 중요하다.

예전의 노년기에는 손자녀를 훈육과 교육의 대상으로 여겼다. 이들에게 오랜 기간 터득한 삶의 지혜를 가르쳐주는 역할을 하였다. 특히, 3세대가 한지붕에 사는 것이 당연했던 과거에는 세대 간 통합이 자연스럽게 이루어지는 경향이 많았다. 그러나, 최근에는 성인 자녀의 맞벌이가 당연하게 여겨지는 상황에서 조부모가 손자녀를 대신 양육해주는 역할이 증가하고 있다. 특히, 가까운 거리에서 거주하거나 심지어는 같은 주택에 거주하면서 손자녀를 돌보는 경우가 늘어나고 있다. 조부모는 손자녀와 많은 시간을 지내면서 즐거운 시간을 보낸다는 긍정적 측면도 있지만, 한편으로 나이가 들어서 이제는 쉬어야 함에도 오랜시간 손자녀를 돌봄으로써 신체적인 질병이 생기는 부정적인 측면도 제기되고 있다.

노년기에는 예전부터 오랜 기간 함께 해온 것들에 대하여 애착이 생기는 시기다. 특히, 어린시절을 함께 해온 친구는 노년기 생활에 중요한 사회적 지지의 역할을 한다. 친구와의 과거시절을 함께 기억하고 공유하는 시간은 노후생활에 큰 기쁨이 된다. 그러나, 노년기에는 주변에 친구들이 조금씩 사라져가는 경험을 하게 되는 반면, 새로운 친구를 만나서 사귀고 어울리는 것은 매우 어렵기 때문에 주변에 친밀한 친구관계가 점점 더 위협을 받는다. 한편, 나이가 들수록 주위의 친구들과 원만한 관계를 유지하려면 일반적으로 경제적인 여유가 있어야 한다. 일반적으로 '나이가 들어서 가장 좋은 친구는 돈을 내주는 친구' 라는 말이 있다. 이 말은 노년기에 경제적으로 안정이 되어야 친구도 만날 수 있다는 것을 의미한다. 또한, 노년기에는 무엇보다도 신체적인 건강상태가 좋아야 하며, 동일한 지역에서 오랫동안 거주하는 것이 좋다.

4. 노년기의 다양한 변화에 따른 대응 지침

(1) 노년기의 적절한 영양관리를 위한 식생활 지침

1) 좋은 식사 자세

인간에게 있어 많은 즐거움이 있겠지만, 그중에서도 가장 강하게 느끼는 즐거움 중의 하나가 식사이다. 식사는 생활에 많은 영향을 미치는 데, 노인이 되면 신체적인 기능 및 능력이 약화되면서 식사를 제대로 하지 못하는 일이 나타난다. 즉, 나이가 들어 신체적인 기능이 약화되면서 젊은 시절에 쉽게 이루어지던 식사 준비 능력 및 식사 횟수 등에서 상당한 제약을 받게 된다. 노년기에 식사를 제대로 하지 못하면, 영양상태에 문제가 발생하게 된다. 이로 인해 노인성 질환이 악화되어 건강에 문제가 생기게 된다. 따라서, 노년기에 올바른 식생활을 하고, 충분한 영양관리를 한다는 것은, 건강하고 품위있게 늙을 수 있도록 노력을 기울이는 것이며, 궁극적으로 노년기의 삶의 질을 향상시키는 것이다. 일반적으로 건강한 식생활을 하기 위해서는 다음에서 제시하는 원칙들을 잘 준수해야 한다.

① 여러 가지 식품을 섭취해서 영양상태를 잘 유지한다.

② 과식을 하지 않고, 배가 나오지 않도록 한다.

③ 1일 3식 식사를 규칙적으로 한다.

④ 동물성 지방의 섭취는 줄이고, 식물성 지방의 섭취를 늘린다.

⑤ 매일매일 싱싱한 채소를 섭취하도록 한다.

⑥ 지나치게 맵거나 짠 음식은 피하고, 저염식을 한다.

⑦ 인스턴트 식품보다는 조리한 음식을 섭취하도록 한다.

나이가 들면서 경험하는 다양한 생리적 특징들이 식생활에 많은 영향을 끼치기 때문에, 노인의 식사를 도울 때는 다음과 같은 점에 유의해야 한다.

① 젊은 사람에 비해서 미각이 둔하기 때문에 음식을 맛있게 먹기가 어렵다.

② 나이가 들면 손떨림 등의 현상이 나타나서 음식물을 섭취하기가 어렵다.

③ 음식을 잘 섭취하려면 치아가 중요한대, 나이가 들면 치아가 건강하지 못해서 음식을 먹기가 어렵다.

④ 나이가 들면 소화를 시키는 능력이 약화되어 배탈이 자주 발생한다.

2) 식사 준비

  노년기에는 신체적으로 많은 기능들이 저하되어 음식물을 섭취하고 소화시키는 데 상당한 어려움을 겪는다. 따라서, 노인에게 적합한 조리방법을 선택하여 좋은 재료를 가지고 다음과 같이 식사를 준비해야 한다.

① 소화하기에 부담이 없는 식품을 조리한다.
② 가급적 상하지 않고 신선한 재료로 조리한다.
③ 기름과 지방이 적고 담백하고 신선하게 조리한다.
④ 새로운 기분이 들도록 기존의 식단에 변화를 주어 조리한다.

영양위험도 평가 12문항 ✏️

01 75세 이상이다.	☐
02 혼자 산다.	☐
03 생활비를 자녀나 정부 보조 등에 의존한다.	☐
04 담배를 피운다.	☐
05 운동을 규칙적으로 하지 않는다.	☐
06 당뇨병, 고혈압, 뇌졸중 등 만성질환을 앓고 있다.	☐
07 현재 약을 먹는다(비타민, 보약 제외)	☐
08 종종 소화가 잘 안 된다.	☐
09 치아에 문제가 있다(틀니, 치아가 빠짐).	☐
10 식욕이 좋지 않다.	☐
11 식사는 하루에 1~2끼니만 먹는다.	☐
12 저체중이다.	☐

☑ **0~2개**

좋은 영양 상태를 유지하고 있음. 6개월 내에 다시 평가할 것

☑ **3~4개**

영양 상태에 문제가 있을 수 있음. 답한 항목을 수정하도록 노력하여 3개월 내에 다시 평가할 것

☑ **5개 이상**

영양 불량의 가능성이 높음. 답한 항목은 반드시 수정하고 영양사, 의사, 가족의 도움을 받을 것

(2) 노년기의 바람직한 식사 지침

① 1일 3식과 간식을 반드시 섭취하자

노년기에 체중관리를 하고 영양이 풍부한 식사를 하기 위해서는 규칙적으로 식사량을 줄이고, 대신에 가벼운 간식을 추가적으로 넣어서 식사횟수를 늘리도록 한다. 반드시 정해진 시간에 식사를 하도록 하여 영양 불균형이 발생하지 않도록 한다. 식욕이 떨어지고, 치아가 감소하고, 소화기능이 약화되는 등의 이유로 식사 섭취가 부족해질 수 있으므로 식사와 더불어 간식의 섭취도 중요하다. 독거노인은 실제로 1일 3식을 하기 어렵기 때문에 식사를 대신할 수 있는 음식을 준비한다.

② 고기, 생선, 채소 등을 다양하게 섭취하자

비타민, 무기질 등 영양적으로 균형 잡힌 식생활을 한다. 섬유질이 많이 함유된 채소와 과일을 먹으면 변비를 예방하는 데 효과적이다. 고기·생선·콩 제품의 섭취는 질병에 대항할 수 있는 면역체계를 강화시킨다. 채소는 1일 5회 섭취, 고기·생선·콩류는 1일 2회 섭취가 필요하다. 단백질은 양보다 질적으로 섭취한다. 식이섬유 섭취를 권장한다.

③ 우유제품과 과일을 매일 먹자

골다공증 방지를 위한 칼슘과 각종 비타민, 무기질을 함유하는 우유와 과일의 섭취를 권장한다. 칼슘부족, 노화 등으로 뼈가 약해지기 때문에 식품 섭취를 통해 칼슘을 공급해야 한다. 우유의 소화가 안 되는 노인들은 우유를 약한 불에 데워 마시거나 멸치 등을 통해 칼슘을 섭취할 수 있다. 우유는 매일 1컵씩 섭취하며, 우유 섭취와 함께 과일 섭취도 권장한다.

④ 술을 절제하고 물을 충분히 마시자

수분 섭취가 감소하고 설사나 발열 시 체내 수분이 급격히 감소되면 위험하므로 수분을 충분히 섭취하여 탈수가 생기지 않도록 한다. 알코올은 중추신경을 자극하여 뇌의 일부분을 억제하여 판단력을 손상시킨다. 특히 과음을 할 경우 언어, 시력, 거동이 불편하게 되어 자칫 큰 사고가 발생할 수 있다. 술 대신 물을 충분히 마시는 것이 건강에 좋다. 술은 하루에 한 잔 이상을 넘기지 않으며, 술을 마실 때는 반드시 다른 음식과 같이 먹는다.

⑤ 음식은 먹을 만큼 준비하고 오래된 것은 먹지 말자.

실온에 방치해 두었던 음식물에는 시간이 지날수록 각종 미생물이 번식하게 되며, 음식의 색과 맛이 변질될 수 있다.

⑥ 활동량을 늘리고 건강한 체중을 갖자.

앉아있는 시간을 줄이고 가능한 많이 움직인다. 건강한 체중을 확인하고 나의 체중이 되도록 노력한다. 매일 최소 30분 이상 숨이 찰 정도로 유산소 운동을 한다. 일주일에 최소 2회, 20분 이상 힘이 들 정도로 근육운동을 한다.

(3) 노년기의 우울증 증상 및 예방 지침

우울증은 어느 세대에서나 볼 수 있지만, 노년기에 가장 흔히 나타나고 있으며, 증상도 젊은 시절에 비해서 더욱 격렬하게 나타나고 있다. 따라서, 노년기 우울증은 더욱 신경써서 다루어야 하며 증상을 면밀하게 관찰할 필요가 있다.

1) 노년기 우울증 증상

노년기 우울증의 첫 번째 증상은 문자 그대로 기분이 가라앉고, 세상이 회색빛으로 보일 만큼 신나는 일이 없다고 표현한다. 또한, 매사가 귀찮고, 몸을 움직이기 싫다고 말하는 분들이 많다. 따라서, 남들의 얘기도 잘 알아차리지 못하고, 반응하는 동작도 느려지는 증상이 나타난다.

우울증의 두 번째 증상은 이른바 4가지 맛이 없어진다는 것이다. 첫 번째, 입맛이라고 할 수 있는데, 우울증에 걸리면 음식의 맛을 느낄 수가 없고, 아무리 맛있는 음식도 마치 모래를 씹는 듯이 느껴지기 때문에 자연히 음식을 먹지 않게 된다. 배가 고픈 것도 잘 못 느끼고, 따라서 남이 옆에서 챙겨주지 않으면 식사하는 것도 잊어버리기 때문에 습관적인 거식증이 나타나게 된다. 결과적으로 체중이 감소하고, 영양 부족 현상이 따르기 때문에 드물게는 탈수현상과 더불어 오는 극심한 영양실조로 사망하는 경우도 있다. 두 번째, 잠을 자는 맛이 없어진다. 잠자는 맛이 없어지면 결과적으로 불면증으로 연결될 수밖에 없다. 우울증에서 오는 불면증이 나타나는 분들은 대개 '깊은 잠에 빠질 수 없다'고 호소하고, 특히 새벽잠이 없어 일찍 깬다는 것이다. 밤에 잠을 잘 때 근육이 경직되기도 하고, 잠자는 동안에 숨을 몰아쉬는 현상이 오는 경우도 흔히 있다. 세 번째, 성 맛이라고 할 수 있는데, 노년기에 우울증에 걸리면 성욕이 급격하게 감퇴한다. 네 번째, 살 맛이라고 하는데, 이 살 맛이 없어지면 일할 맛, 즉 '노동의 기쁨'도 사라지게 된다. 일하기도 싫고, 살기도 싫게 되면 결국 자살까지 이르게 된다.

우울증의 세 번째 증상은 일반적으로 일, 학문, 종교, 예술 등 인간의 관심은 바깥세계를 향하는 것이 정상인데, 바깥세계를 향하던 관심이 점차 후퇴하여 자신의 신체에 와서 붙게 되는 것이다. 즉,

수차례 검사를 해봐도 이상이 없는데 이들은 '머리가 묵직하다', '팔다리가 쑤신다', '어깨가 와락와락한다'고 주장한다. 심한 경우, 자신의 고환에 모래가 들어갔다는 기괴한 증상을 호소하는 사람도 있다. 이런 류의 우울증 환자는 이 병원 저 병원 다니며 검사를 요청하고, 의사가 '별다른 병이 없다'고 하면 강력하게 항의하면서, 자신의 주장을 굽히지 않는다.

우울증의 네 번째 증상은 자긍심이 없어지고, 자기 자신을 비하·비난하게 되는 것이다. 자신이 아무런 잘못을 안 했는데도 큰 죄를 지었다고 믿고, '자살충동'을 느끼기도 한다.

2) 노년기 우울증 예방법

Solution 1 역할 부여와 꾸준한 대화가 해법

노년기 우울증을 막을 방법이 있다. 더 이상 할 일이 없는 존재라는 인식 때문에 우울증이 쉽게 오므로 새로운 역할을 부여하는 것이 첫 번째 방법이다. 집에 마당이 있다면 채소나 꽃을 가꾸고, 아파트에 거주한다면 베란다에 미니 텃밭을 만들어 소일거리를 갖게 한다. 애완동물을 키우는 것도 좋은 방법이다. 은퇴하지 않고 일을 계속 할 수 있다면 자신의 일을 갖는 것이 좋다.

직업에서 느끼는 성취감은 무엇보다 큰 정서적 보상이 된다. 일을 만드는 것도 좋다. 다른 사람을 도울 수 있는 일거리를 만든다. 구청이나 노인복지센터 등을 통해 자원봉사자 활동을 알아본다. 사회적 친근감을 쌓는 것도 좋다. 비슷한 연배의 친구를 사귈 수 있는 경로당이나 종교 모임 등에 적극적으로 나가 활동한다. 문화센터에서 컴퓨터나 체조를 배우고, 노래교실 등에 참가하는 것도 방법이다.

노년기 우울증의 가장 좋은 약은 대화다. 자녀와 허탈한 속마음을 표현하며 대화하면 어르신들의 정서에 큰 도움이 된다. 자녀들이 부모님과 항상 대화를 시도하고, 외롭지 않도록 보살피는 것이 노인 우울증과 나아가 노인자살을 예방하는 길이다. 특히 갱년기에 접어든 여성은 속마음을 잘 드러내지 않는다. 속마음을 드러내지 않고 참다가 갑자기 감정이 표출될 경우 심장에 충격을 줄 수 있다.

공격적인 감정이 동맥경화를 유발한다는 자료도 있다. 평소 솔직한 감정을 충분히 표현할 기회를 갖는 것이 중요하다. 가족은 끊임없는 관심과 보살핌으로 부모님을 살핌으로써 노인성 우울증을 예방해야 한다. 노인이 질환을 앓고 있거나 식사를 피하고 불면증이 심하게 겪는 등의 증상이 나타나면 즉시 전문의를 찾고 상담을 받는 것이 좋다.

노년기 마음 건강은 생활 속에서 간단한 방법으로 챙길 수 있다.

① 매일 10분 이상 햇볕을 쬔다.

기분을 조절하는 신경 전달 물질인 '세로토닌'은 햇볕을 받아야 잘 분비된다. 다른 계절보다 겨울에 더 많이 우울한 이유는 일조량이 줄어들기 때문이다. 따뜻한 햇볕은 우울한 기분을 날려주는 자연 치유제다.

② 규칙적인 운동을 한다.

규칙적인 운동을 하는 사람은 우울증에 덜 걸린다는 연구결과가 많다. 운동은 기분을 좋게 하는 엔도르핀의 분비를 촉진한다. 또 긴장을 완화해 주고 몸을 건강하게 만들어 준다. 걷기, 달리기, 수영, 자전거타기 등의 유산소운동은 우리 몸에 많은 양의 산소를 공급해 심장과 폐의 기능을 향상시키고, 혈관을 튼튼하게 해주며, 혈액순환을 원활하게 해준다.

③ 음식을 골고루 섭취한다.

세로토닌 생성에 필수적인 트립토판은 체내에서 합성되지 않아 반드시 식품으로 섭취해야 한다. 트립토판이 풍부한 대표적인 식품은 바나나, 호두, 콩류 등이다. 바나나는 트립토판뿐 아니라 체내 에너지 활성화 기능을 가진 포타슘이 들어 있어 활력 증진에 도움을 준다. 호두에는 비타민 B_1도 풍부해 탄수화물의 대사를 원활하게 하므로 우울증 예방에 효과적이다. 호두의 레시틴과 칼슘은 신경과 뇌를 강화하고 노이로제나 불면증을 완화시켜 깊은 숙면에 도움을 준다. 콩은 단백질이 40%에 달하며, 필수아미노산 8가지가 모두 들어 있다. 감자는 스트레스를 완화시키는 부신피질호르몬 생산을 촉진하고, 뇌의 작용을 정상적으로 지켜주는 비타민 B_1이 많이 들어 있다.

④ 담배를 끊는다.

담배는 우울증을 유발한다는 연구결과가 있다. 핀란드 헬싱키대학 코르호넨 박사팀은 담배를 오랫동안 피운 사람이 전혀 피우지 않은 사람보다 우울증에 걸릴 위험이 두 배 높다는 연구결과를 발표했다.

⑤ 잠을 잘 잔다.

수면 부족은 신경을 예민하고 불안하게 만든다. 평소 수면 습관을 규칙적으로 지킨다.

⑥ 웃으며 산다.

긍정적인 마음을 지니고 웃음을 생활화한다. 웃음은 명약이라는 말이 있다. 긍정적인 마음으로 웃으면 마음도 행복해진다. 웃을 일이 없어도 입꼬리를 올려 억지 웃음을 지으면 뇌는 웃는 것으로 인식한다.

⑦ 취미를 갖는다.

하루에 한 가지씩 좋아하는 일을 한다. 좋아하는 음악을 듣거나 좋아하는 음식을 먹는 등의 활동으로 삶에 긍정적인 기운을 불어 넣는다. 일상생활에서 가볍게 할 수 있는 목록을 만들고, 찜질방이나 영화관 가기를 비롯해 뜨개질하기, 산책하기 등 구체적으로 적는다.

양념 분량 환산표

양념	설탕 (1작은 술)	소금 (1작은 술)	고춧가루 (1작은 술)	식초 (1작은 술)	고추장 (1작은 술)	식용유 (1작은 술)	참기름 (1작은 술)	물 (1컵)
무게	4g	5g	2g	3g	6g	3g	3g	200cc

PART 2

어르신 집반찬 요리

1월 요리

(청경채, 카레)

　겨울철은 추운 날씨로 인해 식욕이 떨어지고 기력이 떨어지기 쉬운 계절이다. 급격한 일교차와 날씨 온도 변화는 나이가 들수록 인체 면역체계에 영향을 주면서 환경 변화에 대응하는 능력을 떨어지게 해 체온을 조절하는 능력이 낮아지게 된다. 겨울철 어르신들의 건강관리를 위해 고려해야 할 사항들은 다음과 같다.

　첫째, 일교차가 커질수록 우리 몸의 산소 흡수량, 심박수, 심장작업부하 등이 증가하여 심혈관질환 발병 위험 증세가 나타나고 기관지에 자극을 주어 호흡기질환 발병 위험 가능성이 높아진다. 특히 이른 아침에 무리한 신체 활동을 할 경우, 혈압 상승이나 심혈관질환을 악화시킬 가능성이 있다. 따라서 겨울철 이른 아침에 무리한 활동은 삼가야 하고 추위에 노출된 후에는 담요나 난방 설비 등으로 신체를 따뜻하게 하여야 한다.

　둘째, 겨울철은 컴컴한 날씨와 함께 추운 날씨로 인해 어르신들의 사회활동이 줄어드는 시기이므로 우울증에 걸리기 쉽다. 특히 햇빛을 쬐이면서 하는 짧은 산책은 우리 몸을 행복하게 해주는 세로토닌 호르몬이 발생하도록 도우므로 신체를 따뜻하게 채비하는 것이 좋다.

　셋째, 겨울은 도로에 쌓인 눈이나 빙판길로 인해 어르신들의 낙상사고 위험이 높은 계절이다. 어르신들은 젊은 성인에 비해서 골밀도가 낮고, 골절을 방지하기 위한 근육이나 지방 조직이 부족하며 낙상을 막기 위한 신체 반응이 저하되어 골절 등의 외상이 발생하기 쉽다. 또한 기온이 내려가면 관절주변의 인대와 힘줄들이 뻣뻣해지면서 작은 충격에도 쉽게 손상을 받게 되어 빙판으로 인한 미끄러짐, 넘어짐, 찢어짐 등에 의한 탈구, 골절, 타박상 등이 발생할 수 있다. 따라서 도로에 얼음이 얼거나 눈이 내리면 가급적 외출을 자제하도록 한다. 그러나 신체 활동이 저하되면 고혈압 등의 질환이 악화되기 쉬우므로 실내 온도를 일정하게 유지하면서 실내운동을 하는 것이 좋다.

　　겨울철 체내 면역체계를 강화시키고 감기 질환을 예방 할 수 있는 음식들을 섭취하면 질병을 예방할 수 있다. 매서운 바람과 추운 겨울 날씨인 1월에 어르신들의 면역력을 향상시키고 감기 질환 예방에 도움을 주는 식재료들 중 청경채와 카레에 대해 알아본다.

청경채는 십자화과에 속하는 채소류로써 1970년대 후반에 우리나라에 도입된 채소이다. 청경채는 비타민과 무기질 함량 및 식이섬유소의 함량이 높다고 보고되면서 쌈, 샐러드, 국, 전골 등에 사용하고 있다. 청경채의 대표 건강 성분인 식이섬유 성분은 난소화성 다당류로 장의 정장작용을 도와 변비를 예방하고 혈중콜레스테롤 수치를 낮추며 몸 안의 독소와 노폐물을 배출시킨다. 청경채의 칼슘 함량은 다른 엽채류보다 풍부하여 칼슘 급원식품으로도 유용하다. 또 청경채에는 근육 내 가장 풍부한 아미노산인 글루타민 함량이 풍부하며, 글루타민은 스트레스로 인해 뇌에서 생성된 피로물질을 감소시키는 데 도움을 준다. 이뿐 아니라 청경채에는 비타민K가 풍부해 뼈 관절 건강에도 탁월하며 베타카로틴(β-carotene) 성분이 많이 함유되어 있어 체내 면역력을 높여줄 수 있으므로 겨울철 감기 예방에도 효과가 있다. 따라서 겨울철 어르신들의 변비와 감기 예방 및 뼈 관절 건강을 위해 청경채는 빼 놓을 수 없는 식재료이다.

카레는 서양 요리에 사용하는 기본 양념으로 남인도와 스리랑카의 '카리(kari)'라는 단어에서 나왔으며 여러 종류의 향신료를 넣어 만든 스튜(stew)라는 의미이다. 카레는 커큐민(강황), 후추, 겨자, 생강 등 20여 가지의 재료를 섞어 만든 노란 가루로, 매운 맛이 있어 위장을 적당히 자극하여 식욕을 돋구며 소화액의 분비를 자극한다. 카레를 즐겨 먹는 인도인들은 노인성 치매(알츠하이머병) 발생률이 미국인의 4분의 1에 불과하며 세계에서 치매 발생률이 가장 낮은 국가이다.

　　이에 카레는 어르신들에게 좋은 식품으로 알려져 있다. 카레 특유의 노란 색소는 강황 또는 울금이라 한다. 강황은 '밭에서 나는 황제의 가루'라고 말할 정도로 우수한 식품으로 인정받고 있으며, 커큐민을 비롯해 칼슘, 인과 같은 다양한 비타민과 무기질 등이 풍부하다.

　　강황은 생강과에 속하는 다년생 초본식물로써 속이 노랗게 익는 초겨울에 수확 제철을 맞는다. 강황은 인도, 중국, 동남아 지역에서 많이 생산되며 국내에서는 전남 진도, 전남 해남, 전북 부안 등지에서 재배하고 있다. 특히, 전라남도 진도군이 강황 총 생산량의 70%를 차지하고 있다. 강황 식물의 뿌리에 들어있는 커큐민(curmin)은 강력한 항산화 물질로 염증을 감소시켜 항암성, 항염증성, 항균성 등과 같은 효과를 갖고 있다. 특히 심장 질환 예방 및 간암, 전립선암 억제 효과가 있다. 그 외에도 상처치료 및 노인성 치매인 알츠하이머병의 진행을 지연시키는 효과가 있다. 강황 가루 섭취 방법으로는 차로 마시거나 요구르트에 타먹는 방법이 있으며, 요리를 통해서 활용하는 방법으로는 생선이나 닭갈비에 강황가루를 뿌려서 굽거나 찌개를 끓일 때 넣는 등의 방법으로 일상생활에서 편리하게 섭취할 수 있다.

낙지 데리야끼 덮밥

낙지에 매운 양념 대신 달콤한 데리야끼 소스를 얹어 만든 식사로

여러 가지 채소를 곁들여 식사량이 적은 어르신들을 위하여 한 끼 식사에 영양소를 가득 담았다.

영양정보

낙지에는 콜레스테롤을 조절하는 성분과 철분, DHA, 각종 아미노산이 많아 빈혈, 치매 예방에 좋다. 보통 매콤하게 양념하여 입맛을 돋우지만 일식처럼 부드럽고 달콤한 데리야끼 소스를 사용하였다. 소화기능이 약한 어르신은 낙지 외에 새우살, 굴 등 해물을 넣으면 충분한 단백질을 섭취할 수 있다.

<table>
<tr><td colspan="2">1인분 요리 영양소 함량</td></tr>
<tr><td colspan="2">총섭취 열량
329.2kcal</td></tr>
<tr><td>56.5g</td><td>탄수화물</td></tr>
<tr><td>11.4g</td><td>단백질</td></tr>
<tr><td>5.8g</td><td>지방</td></tr>
<tr><td>Ca 31.4mg</td><td>칼슘</td></tr>
<tr><td>Fe 1.8mg</td><td>철분</td></tr>
<tr><td>2.1g</td><td>식이섬유소</td></tr>
</table>

1 낙지는 깨끗이 손질하여 먹기 좋은 크기로 썬다.

2 마늘은 편으로 썰고, 양파, 양송이, 당근, 청피망, 홍피망도 한입 크기로 납작하게 썬다.

3 식용유를 두른 팬에 편으로 썬 마늘을 넣고 볶다가 마늘 향이 나면 당근, 양파, 양송이, 청피망, 홍피망 순으로 넣고 볶다가 손질한 낙지를 넣는다.

4 재료가 익으면 데리야끼 소스, 굴 소스를 넣어 잘 볶고 전분 물을 부어서 끓인 후, 밥 위에 얹는다.

 재료

흰쌀	60g
낙지	60g
양파	20g
당근	10g
마늘	2g
양송이	10g
청피망	5g
홍피망	5g
데리야끼 소스	8g
전분	3g
물	50cc
식용유	5g
굴 소스	3g

 **TIP**

전분은 미리 준비된 분량에 따라 물에 풀어서 넣어야 섞여요.

청경채 난자완스

돈육살코기, 청경채, 피망, 새송이버섯 등의 채소를 섞어 만든 요리로
치아가 부실한 어르신들께 단백질, 비타민 및 무기질을 제공하는 건강한 한 끼 식사이다.

 ## 영양정보

단백질이 풍부한 돈육과 항산화 성분이 많은 피망, 양파, 새송이버섯은 면역기능을 높이고, 노화 예방에 도움을 준다.

1인분 요리 영양소 함량	
총섭취 열량	236.4kcal
탄수화물	22.6g
단백질	6.4g
지방	31.3g
칼슘 (Ca)	36.7mg
철분 (Fe)	1.2mg
식이섬유소	1.8g

1 청경채는 깨끗이 씻어 3등분 하고, 청피망, 홍피망, 새송이버섯은 한입 크기로 썬다.

2 다진 돼지고기는 후추, 생강즙을 넣어 잘 치대어 반죽한 후, 납작한 완자를 만들어 전분을 살짝 묻혀 둔 후, 볶음용 팬에 식용유를 넉넉히 두르고 지진다.

3 볶음용 팬에 다진 마늘을 넣고 향이 나면 양파, 청피망, 홍피망, 새송이버섯, 굴 소스를 넣어 볶다가 청경채를 넣고, 전분 물을 부어 걸쭉하게 만들어 난자완스의 소스를 만든다.

4 만든 소스를 미리 지져 놓은 완자 위에 얹는다.

재료

주재료

청경채	30g
청피망	5g
홍피망	10g
양파	10g
다진 마늘	3g
다진 돼지고기	50g
새송이버섯	10g
식용유	10g

소스 재료

굴 소스	7g
전분	7g
물	50cc
후춧가루	소량
생강즙	2g

TIP

돈육 완자를 익힐 때, 기름을 넉넉히 부어야 완자가 잘 익고 부서지지 않아요.

고구마 김치전

가늘게 채 썬 고구마와 신김치로 식욕을 돋구는 요리로
열량을 충분히 제공하여 식욕부진 어르신들을 위한 식사대용으로 탁월하다.

 ## 영양정보

김치는 카로틴, 식이섬유, 페놀성 화합물과 같은 여러 가지 생리활성 물질들이 함유되어 있어서 항산화, 항암, 고혈압 예방 등 여러 가지 기능성을 갖춘 우리나라 전통 발효 음식이다. 또한, 김치의 발효 과정에서 생기는 유산균은 원활한 소화를 돕고, 장을 깨끗이 하는 정장 작용이 있어 어르신들의 변비 예방에 도움을 준다.

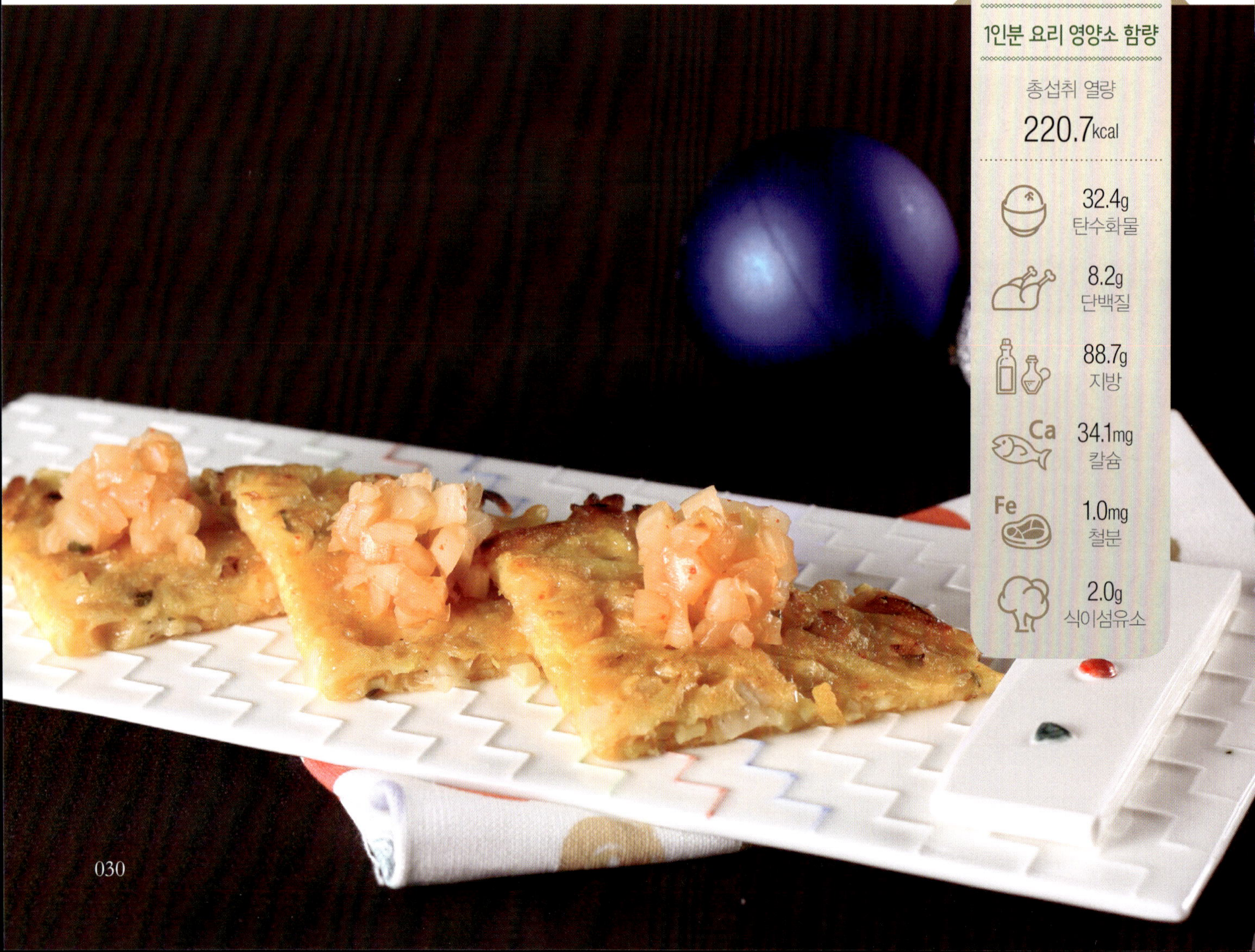

1 고구마는 세척 후 껍질을 벗기고 5cm 길이로 가늘고 곱게 채 썰어 물에 담가 전분을 뺀다.

 **재료**

고구마	30g
김치	20g
부침가루	30g
달걀	1/5개
식용유	7g

2 김치는 잘게 다진다.

3 다진 김치에 부침가루, 달걀 등을 풀어 반죽한 후, 채썬 고구마를 넣어 섞는다.

4 식용유를 두른 팬에 반죽을 넣고 노릇노릇 지진다.

 **TIP**

고구마는 얇게 채 썰어야 빨리 익고 씹는 맛도 좋아요.

고구마 카레라이스

고기, 채소를 넣은 카레소스를 밥 위에 얹어 먹는 요리에
고구마를 더해 어르신들이 섭취해야 할 채소를 골고루 넣은 한 끼 식사이다.

 ## 영양정보

카레에 들어있는 강황은 항산화 기능과 치매 예방에 효과가 있어서 어르신들에게 적합한 식재료이다. 감자 대신 식이섬유소가 많은 고구마를 사용하여 변비 예방에 도움을 준다. 카레의 매운 맛을 중화시켜 부드럽게 먹기 위해서 우유나 플레인 요구르트 및 견과류를 넣고, 풍미를 좋게 하기 위해서 사과나 포도즙을 넣으면 달콤하고 부드러운 맛을 즐길 수 있다.

1인분 요리 영양소 함량	
총섭취 열량	377.2kcal
탄수화물	71.4g
단백질	7.2g
지방	88.4g
칼슘 (Ca)	120.2mg
철분 (Fe)	7.2mg
식이섬유소	4g

1 고구마는 껍질을 깨끗이 씻어 한입 크기로 깍둑썰기 한다.

재료

고구마	30g
양파	20g
당근	20g
애호박	20g
카레가루	20g
쌀	60g
식용유	5g
물	200cc

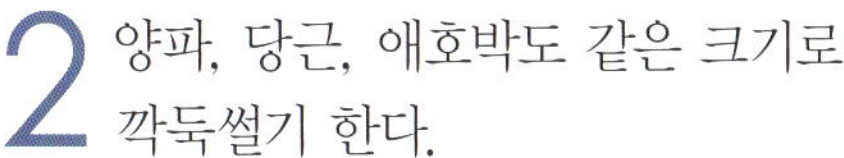

2 양파, 당근, 애호박도 같은 크기로 깍둑썰기 한다.

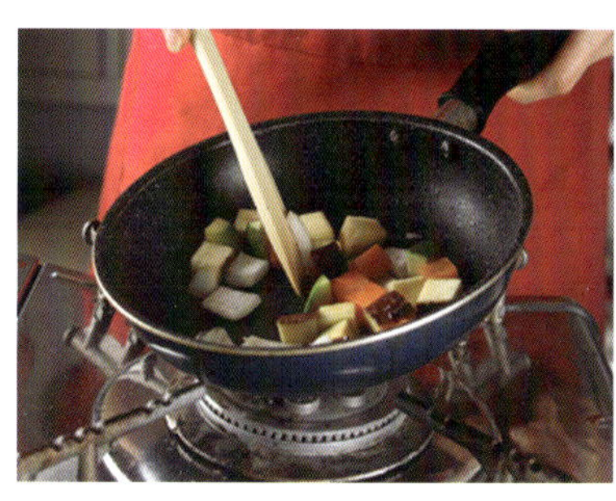

3 팬에 식용유를 두르고 손질한 재료를 넣고 볶는다.

4 팬에 물 150cc를 넣고 끓여 재료가 익으면 남은 물 50cc에 카레가루를 풀어 넣고 저으면서 농도가 밥에 비벼질 정도로 걸쭉해지면 불을 끈다.

삼치강정

삼치를 한입 크기로 썰어 튀긴 후, 양념과 함께 땅콩가루를 고명으로 버무린 요리로
삼치의 비린내를 없애고 고소한 맛과 영양을 동시에 기대할 수 있는 요리이다.

영양정보

삼치는 단백질 외에 칼륨 함량도 풍부하여 고혈압 예방에 좋다. 땅콩에는 비타민, 탄수화물, 단백질, 칼륨, 나이아신, 불포화지방산이 풍부하지만 칼로리가 높아 체중을 조절할 때는 너무 많이 섭취하지 않도록 한다.

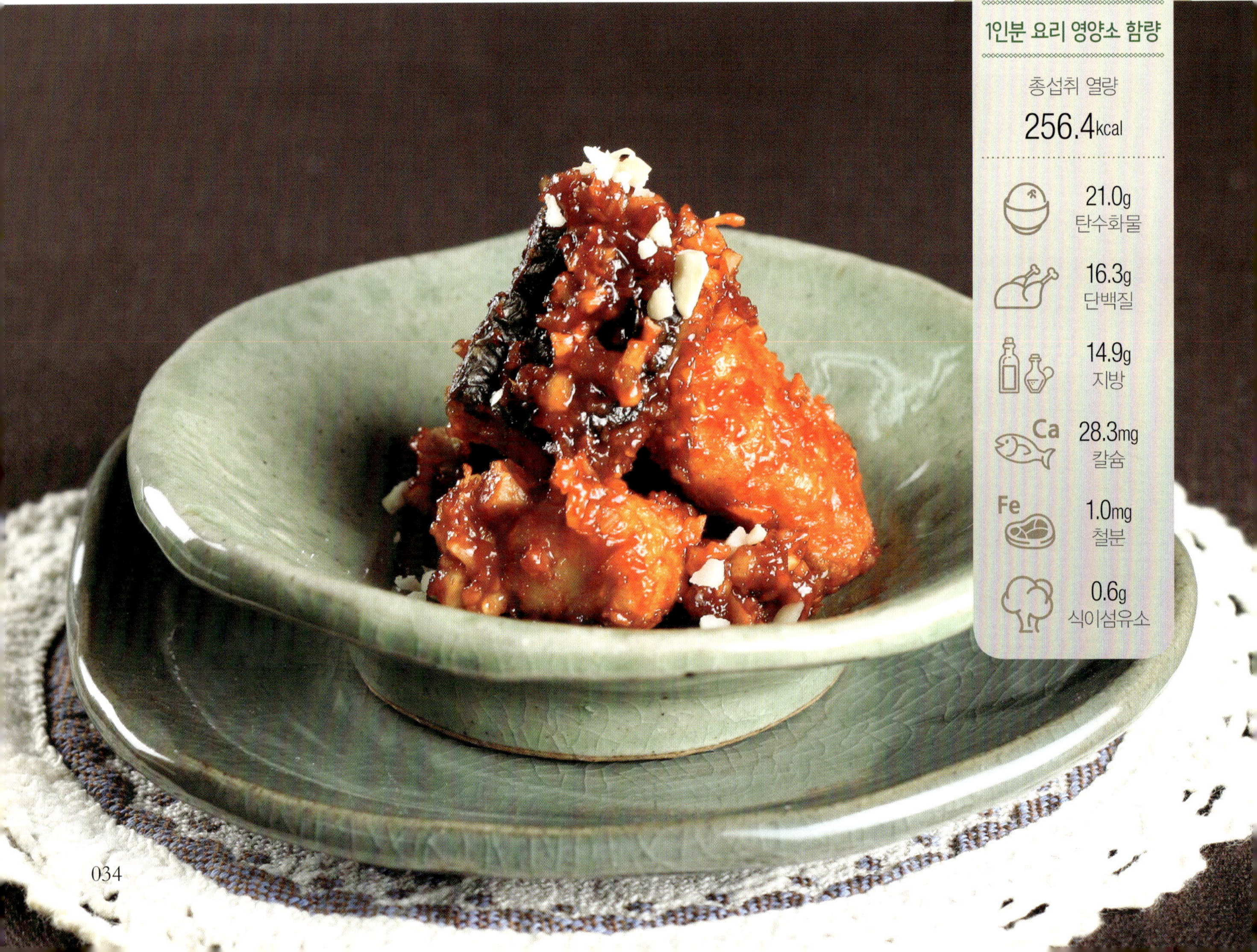

1인분 요리 영양소 함량

총섭취 열량
256.4kcal

탄수화물	21.0g
단백질	16.3g
지방	14.9g
칼슘	28.3mg
철분	1.0mg
식이섬유소	0.6g

1 삼치 살을 준비하여 한입 크기로 썰어 전분을 묻힌다.

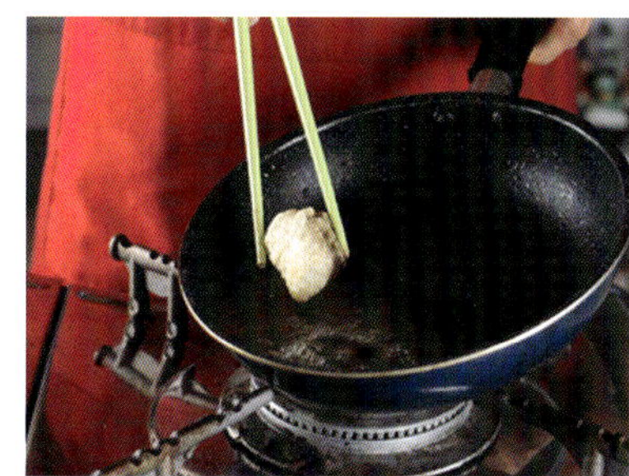

2 팬에 식용유를 넣고 달궈지면 전분 묻힌 삼치를 넣고 튀긴다.

3 고추장, 케첩, 다진 마늘, 다진 양파, 올리고당을 한데 섞어 강정소스를 만든다.

4 팬에 강정소스를 넣고 한번 끓으면 튀긴 삼치를 넣어 살살 버무린 후, 접시에 담아 땅콩가루를 얹는다.

 ## 재료

주재료

삼치 살	50g
전분	10g
땅콩가루	3g

소스 재료

식용유	10g
고추장	10g
케첩	10g
다진 마늘	2g
다진 양파	5g
올리고당	5g

TIP

튀긴 삼치 살은 잘 부서지므로 양념에 버무릴 땐 살살 버무리고, 양념소스가 되직하면 물을 조금 넣고 끓여 주세요.

닭가슴살 채소 샐러드

양상추, 닭가슴살, 삶은 달걀 등 부드러운 식재료를 사용하여 치아가 약한 어르신들을 위한 요리로 조리법이 간단하여 어르신들이 손쉽게 조리할 수 있다.

영양정보

양질의 단백질이 풍부한 닭가슴살과 달걀을 항산화 성분이 풍부한 파프리카와 함께 먹으면 영양성분을 골고루 섭취할 수 있다.

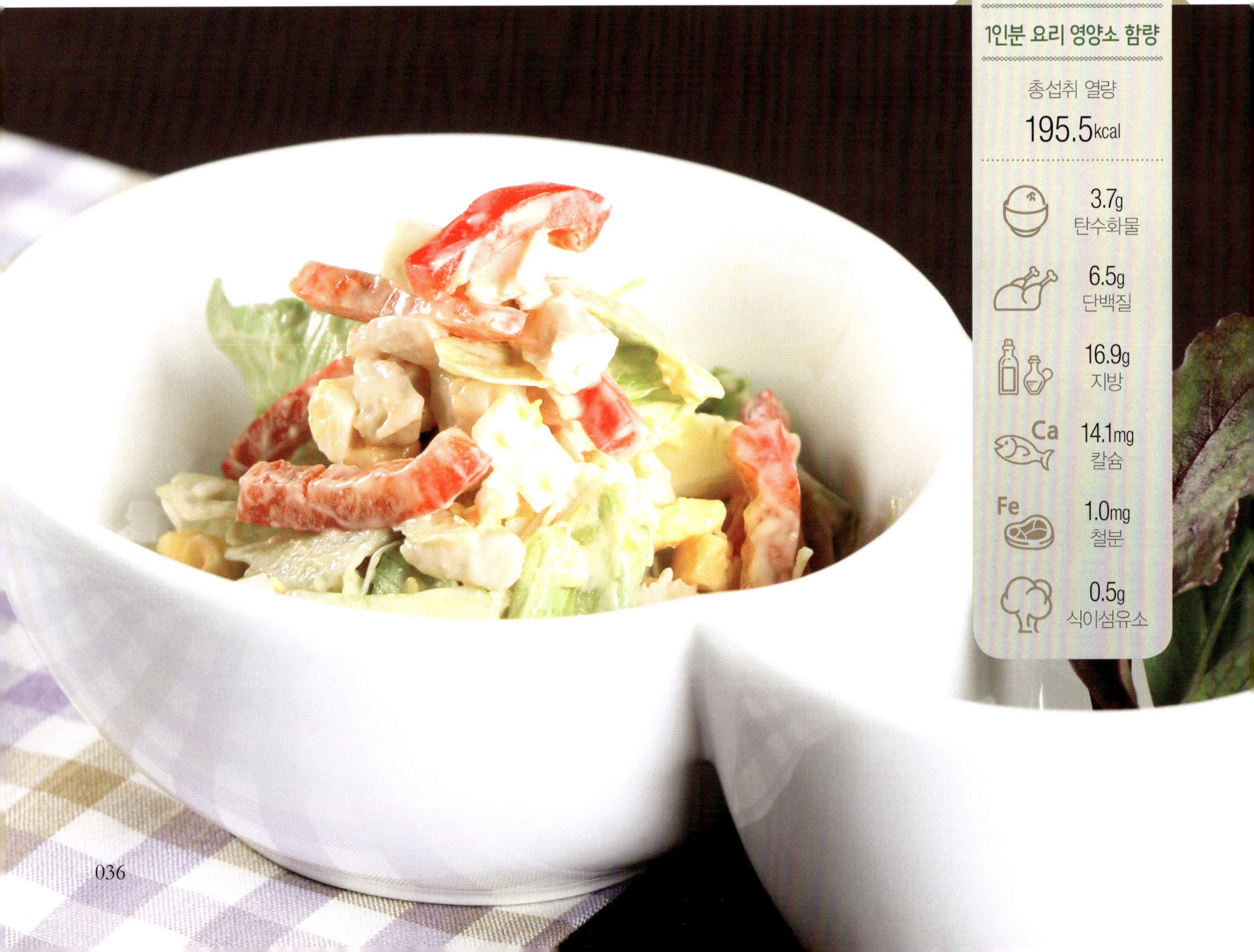

1인분 요리 영양소 함량

총섭취 열량
195.5kcal

탄수화물	3.7g
단백질	6.5g
지방	16.9g
칼슘	14.1mg
철분	1.0mg
식이섬유소	0.5g

1 양상추는 세척 후 먹기 좋게 손으로 뜯고, 파프리카는 가늘게 채 썬다.

2 삶은 달걀은 굵게 다진다.

3 닭가슴살은 푹 삶아 손으로 찢는다.

4 마요네즈, 케첩, 레몬즙을 섞어 드레싱을 만든 후, 손질한 양상추, 닭가슴살, 파프리카, 삶은 달걀에 넣고 섞는다.

재료

주재료

양상추	20g
닭가슴살	20g
삶은 달걀	2/5개
파프리카	20g

샐러드 드레싱

마요네즈	20g
케첩	3g
레몬즙	5g

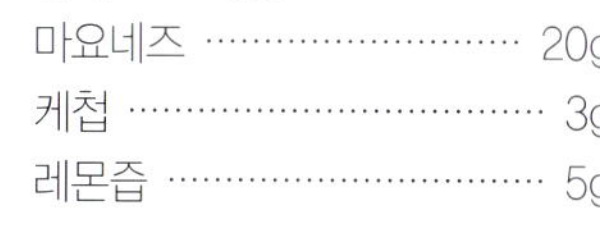

TIP

샐러드에 사용할 채소를 얼음물에 담가두면 싱싱해지고 먹을 때 아삭해요.

훈제오리 채소무침

훈제오리는 소스에 찍어 먹어도 맛이 일품이지만 항산화 성분이 많은 부추와 함께 먹으면
우수한 영양과 더불어 고기의 맛도 향상시킨다.

 **영양정보**

오리는 다른 육류에 비해 불포화지방산, 필수지방산이 많고 알칼리성 식품으로 노화 예방과 성인병 질환 예방에 도움을 주는 식재료이다. 봄철 부추는 단백질, 지질, 당질, 무기질, 비타민이 월등히 많아 위장, 간장과 신장을 보호하고, 이뇨작용, 지혈작용, 설사를 멎게 하는 효과도 있다.

1인분 요리 영양소 함량

총섭취 열량
177.8kcal

8.0g
탄수화물

18.1g
단백질

10.8g
지방

Ca 34.3mg
칼슘

Fe 1.9mg
철분

1.0g
식이섬유소

1 훈제오리는 편으로 썰어 한입 크기로 자른다.

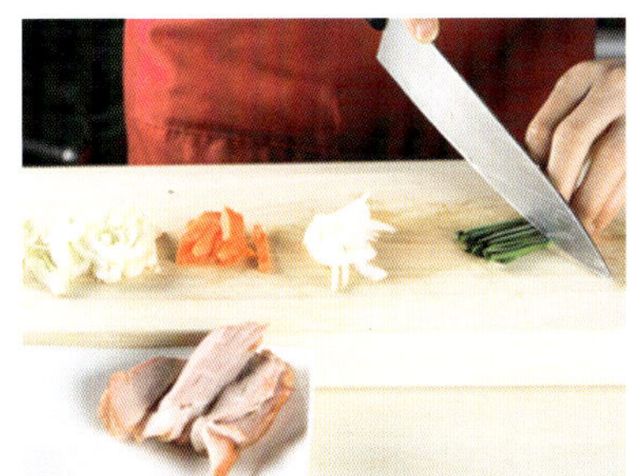

2 양배추, 당근, 양파는 채 썰어 준비한다. 부추는 4cm 길이로, 대파는 송송 썬다.

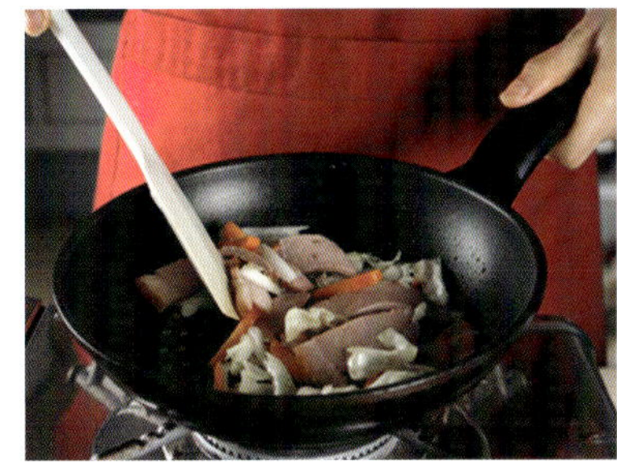

3 팬에 식용유를 두르고 당근, 양파, 양배추, 훈제오리를 볶다가 양념장을 팬에 넣고 섞는다.

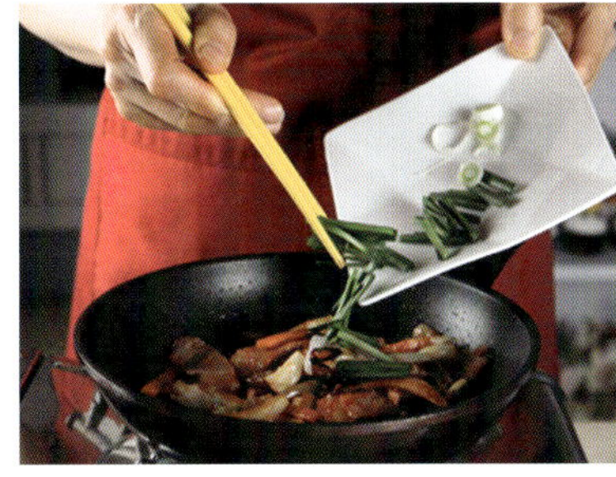

4 양념이 잘 섞이면 부추, 대파를 넣어 섞고, 그릇에 담는다.

 **재료**

주재료

훈제오리	50g
양배추	20g
당근	10g
양파	10g
부추	5g
대파	1g
식용유	5g
통깨	약간

양념장

고추장	10g
진간장	3g
다진 마늘	2g

 **TIP**

부추를 넣고 오래 볶으면 숨이 죽고 질겨지므로 마지막에 넣고 불을 끄세요.

오징어 목이버섯 숙회무침

오징어와 목이버섯의 담백한 맛과 여러 가지 채소에 매콤새콤한 양념을 하여 식욕을 돋우는 요리로
오징어 목이버섯 숙회무침은 열량이 낮아 체중 증가의 부담 없이 먹을 수 있다.

 ## 영양정보

목이버섯에 함유된 식이섬유소와 비타민D는 체내 지방흡수를 줄이고, 변비 예방 및 피를 맑게 하는 효과가
있어 노인 질환에 좋은 식재료이다. 목이버섯에는 식이섬유소 외에도 단백질, 당질, 지질, 철분, 칼륨, 칼슘,
인 등 우리 몸에 필요한 영양분이 골고루 들어 있어 여러 가지 영양소를 섭취할 수 있다.

1인분 요리 영양소 함량

총섭취 열량
87.3kcal

11.5g	탄수화물
13.8g	단백질
1.2g	지방
Ca 46.3mg	칼슘
Fe 1.7mg	철분
0.9g	식이섬유소

1 오징어는 채로 썰어 뜨거운 물에 살짝 데친 후 식힌다.

2 건목이버섯은 충분히 물에 불려 데친 후, 먹기 좋은 모양으로 손질하고, 양배추는 4×4cm, 당근은 반달모양, 미나리는 4cm 길이로 썬다.

3 고춧가루, 고추장, 양조식초, 황설탕, 다진 마늘을 한데 섞어 양념장을 만든다.

4 오징어, 목이버섯, 채소 등을 한데 섞고 먹기 직전 양념장에 버무린다.

재료

주재료

재료	양
오징어	40g
건목이버섯	2g
미나리	10g
당근	10g
양배추	10g

양념장

재료	양
고춧가루	약간
고추장	10g
양조식초	3g
황설탕	3g
다진 마늘	2g

TIP

오징어 대신 낙지나 주꾸미 같은 제철에 맞는 다른 해산물을 데쳐 넣어도 좋아요.

2월 요리
(두부, 미역, 다시마, 현미)

  2월은 추운 겨울 날씨와 일교차가 큰 계절로 어르신들의 외출과 야외활동이 줄어들어 변비와 골다공증과 같은 어려움을 겪기 쉽다. 어르신들의 겨울 건강을 위해 두부, 미역 및 다시마, 현미를 소개하고자 한다.

두부 는 오래 전부터 우리나라를 비롯하여, 중국·일본 등 동양권에서 널리 사용하는 식품으로 주요 단백질 공급원으로 이용되고 있다. 밭의 고기라고 하는 콩을 원료로 만든 가공식품으로 동물성 단백질 식품에 비견할 만한 필수아미노산을 고루 갖추고 있으며, 다른 식품에 비해 맛이 담백하고 만복감을 주는 건강식품이다. 두부 100g당 열량은 84kcal, 단백질 9.3g, 지질 5.6g, 칼슘 126mg으로 이루어져 있다. 회사 제품마다 두부 1모 무게가 각기 다르지만 평균 400~500g이므로 두부 반모를 섭취한다면 150~200kcal을 섭취하는 것이다. 이는 밥 한 공기가 300kcal인 것을 감안하면 두부 반모를 섭취하는 것은 밥 반 공기의 칼로리를 섭취하는 것에 가깝다. 따라서 두부를 섭취하면 포만감을 느끼고 다른 고열량 식품들을 더 적게 섭취할 수 있어 다이어트 식품으로 효과적이다. 두부의 또 다른 성분으로 올리고당이 풍부하게 함유되어 있어 배변활동에 도움을 주며 소화흡수율이 높아 변비 예방에도 도움을 준다. 또한 콩에는 여성 호르몬인 에스트로겐과 기능이 비슷한 이소플라본(isoflavon)이 함유되어 있어 에스트로겐이 감소하는 폐경기 여성이 두부를 섭취하면 갱년기 증상을 예방할 수 있다. 두부 100g에 함유되어 있는 칼슘 함량(126mg)은 우유 한잔에 들어있는 칼슘 함량(105mg)보다 많고 콩 속의 이소플라본은 칼슘의 흡수를 촉진해 뼈 손상을 지연시킬 뿐만 아니라 뼈 조직을 형성시키므로 골다공증을 예방할 수 있어 겨울철 어르신들에게 권장하는 식품이다.

미역 은 다시마와 더불어 갈조류의 대표적인 해조류로써 우리나라 바다에서 많이 생육하기 때문에 오래전부터 사용하고 있다. 국내에서 생산하는 미역은 크게 자연산과 양식산으로 나뉘는 데, 자연산의 경우 초겨울 동안 성장하여 생산시기가 3~5월이며, 양식산은 양식 기술이 발달하면서 채취시기가 1~4월 사이이다. 미역은 나트륨, 칼륨, 칼슘, 마그네슘과 같은 무기질이 풍부한 식재료로 특히 미역 100g에 함유되어 있는 칼슘 함량은 153mg으로 풍부하다. 미역의 또 다른 성분 중 점질 다당류인 알긴산(algininc acid)은 콜레스테롤 저하, 비만 및 변비 예방 뿐만 아니라 혈압이나 당뇨 예방 효과가 있다. 또한, 후코이단(fucoidan)은 식이섬유로써 항암, 항콜레스테롤, 혈액응고제 등의 효과가 우수하며, 지질 대사 개선에도 효과가 있다.

다시마 는 다시마과에 속하며 고혈압, 동맥경화, 갑상선종, 신장염에 효과가 있을 뿐만 아니라 암세포의 증식과 노화를 억제하는 건강식품으로 알려져 있다. 다시마에 함유되어 있는 알긴산은 갈조류의 세포벽을 구성하는 복합다당류로, 체내에서 당에 대한 내성을 증가시키고 지질대사를 개선시켜 당뇨병 예방에 효과가 있다. 특히 혈청 콜레스테롤을 감소시키는 작용 등 다양한 효과가 있다. 또한 다시마에도 후코이단이라는 함황 산성다당류가 존재하며 이는 항암, 항혈액 응고 작용과 같은 다양한 생리적 효과가 있다. 이뿐 아니라 다시마는 칼륨, 나트륨, 칼슘 등의 알칼리성 금속이온을 풍부하게 함유하고 있으며, 특히 다량의 요오드를 함유하고 있는 무기질 공급 식품이다. 다시마에 들어 있는 알긴산은 더운물보다는 찬물에 우려낼 때 용출될 수 있으므로 담백한 육수로 사용 할 때는 다시마를 찬물에 우려내는 것이 적합하다.

현미 는 백미보다 영양성과 기능성이 강화된 형태의 곡류로써 최근 웰빙 인기를 타고 섭취가 증가하는 추세이다. 현미는 왕겨층만 한번 벗겨낸 쌀로써 배, 배유 및 쌀겨 층으로 이루어진 벼 열매이다. 백미에 비하여 영양분의 손실이 적으며 지방, 단백질, 비타민, 식이섬유 및 각종 무기질 등이 풍부하다. 특히 폴리페놀(polyphenol), 플라보노이드(flavonoid), 피틴산(phytic acid) 등 기능성 성분들을 함유하고 있으며 백미보다 식이섬유 함량이 약 2배 높다고 알려져 있다. 특히 현미에 함유되어 있는 수용성과 불용성 식이섬유는 변의 양을 늘리고 장내에서 변이 통과되는 시간을 단축시켜 변비 개선에 도움을 준다. 현미에는 항암효과가 있는 프로테아제, 베타시스테롤, 셀레늄 성분이 함유되어 있어 암을 예방하는 효과가 있다. 또한 현미는 체내 탄수화물을 천천히 에너지로 변환시키므로 혈당을 안정시키고 식욕을 줄이는 효과가 있다. 그러나 현미의 단단한 껍질과 피틴산 등으로 인한 소화 흡수성 저하 및 거친 식감으로 현미 섭취를 꺼리는 경우가 많다. 이러한 현미의 단점을 보완하기 위해 현미의 수분과 온도를 공급함으로써 싹을 틔운 형태인 발아현미가 인기를 얻고 있다. 발아현미는 발아하는 과정에서 조직이 부드러워져 질감 개선 및 식미 향상뿐 아니라 영양소 흡수율도 상승되는 것으로 알려져 있다. 더욱이 일상생활 중 배기가스, 환경호르몬, 스트레스 등에 의해 체내 활성산소의 양이 증가하므로 발아현미에 함유된 항산화 물질은 체내에 과잉 생성된 활성산소의 양을 감소시키는 데 큰 도움을 준다.

두부 채소전

단백질이 풍부한 두부와 부드러운 표고버섯으로 만든 두부 채소전은
치아가 부실하고 소화력이 약한 어르신들이 드시기 편한 음식이다.

 **영양정보**

표고버섯에는 비타민 B_1, B_2, B_6외에도 레티오닌이 함유되어 있으며, 에르고스테롤은 비타민D 전구체로 칼슘
흡수를 도와 골다공증 예방에 효과가 있다.

1인분 요리 영양소 함량

총섭취 열량
144.2kcal

14.3g
탄수화물

10.2g
단백질

9.0g
지방

Ca 96.5mg
칼슘

Fe 1.5mg
철분

15.5g
식이섬유소

1 두부는 한입 크기로 납작하게 썰어 소금을 뿌리고 물기를 뺀 후 밀가루를 묻힌다.

 **재료**

두부	60g
삶은 고사리	5g
당근	5g
달걀	3/5개
쪽파	5g
밀가루	6g
소금	약간
식용유	3g

2 당근, 삶은 고사리, 쪽파는 잘게 다져서 달걀을 풀고 섞는다.

3 밀가루를 묻힌 두부를 2의 달걀에 적신다.

4 3의 두부를 식용유를 두른 팬에 지진다.

 **TIP**

말린 고사리는 미지근한 쌀뜨물에 담가서 불린 뒤, 삶아서 사용하면 묵은 냄새를 제거할 수 있어요.

황태 순두부탕

속이 시원하고 편안한 황태 순두부탕은 단백질이 풍부하고 지방이 적어 담백한 맛을 내며, 필수아미노산이 풍부하여 숙취 해소에 좋다.

 **영양정보**

황태에는 메티오닌, 리신 및 트립토판을 비롯한 필수아미노산이 풍부하여 간 기능을 향상시켜 해장국으로 좋고, 열량이 적어 다이어트 식재료로 좋다.

1 황태포는 적당한 길이로 잘라 찬물에 살짝 씻어 찢은 후, 꼭 짠 다음 들기름과 다진 마늘을 넣어 조물조물 무친다.

 **재료**

황태포	5g
순두부	50g
무	30g
대파	3g
들기름	5g
다진 마늘	2g
새우젓	약간

2 무는 얇게 나박 썰기하고, 대파는 다듬어 5cm 길이로 듬성듬성 썬다.

3 손질한 황태포와 무를 넣고 볶다가 물을 붓고 끓여 뽀얀 국물이 나오면 새우젓으로 간을 한 다음, 다시 한 번 끓으면 대파를 넣는다.

4 3에 순두부를 넣고 한소끔 끓으면 불을 끈다.

감자 미역국

미역과 감자가 어우러져 국물이 구수하고 담백한 감자 미역국은 포만감을 주고 장 활동에 도움을 주어 어르신들의 변비 예방에 효과적이다.

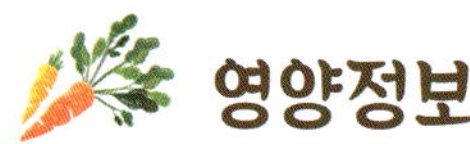

영양정보

미역은 바다의 채소로 칼슘이 풍부하여 골다공증 예방에 도움을 주고, 철분과 엽산이 풍부하여 빈혈 예방에 효과적이다. 또한 혈당조절 효과가 있어서 어르신들의 당뇨병과 비만 예방에도 도움을 준다.

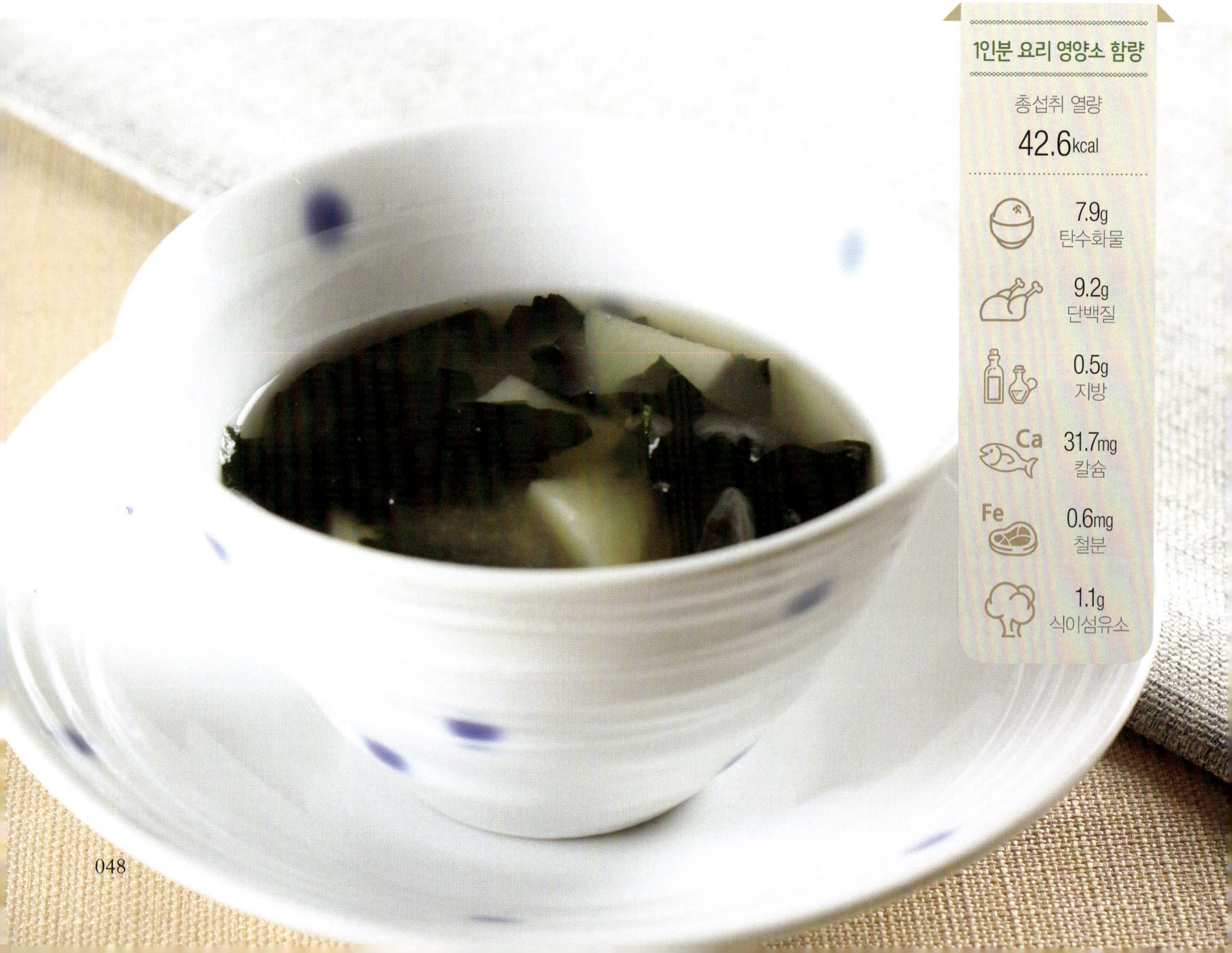

1인분 요리 영양소 함량

총섭취 열량
42.6kcal

탄수화물	7.9g
단백질	9.2g
지방	0.5g
Ca 칼슘	31.7mg
Fe 철분	0.6mg
식이섬유소	1.1g

1 냄비에 물을 붓고 육수용 멸치, 다시마로 육수를 낸다.

 **재료**

건미역	1g
감자	30g
육수용 멸치	2g
다시마	1g
된장	10g
국간장	1g

2 건미역은 미리 물에 불려 잘게 썰고, 감자는 납작하게 썬다.

3 만들어 놓은 육수에 된장을 연하게 풀고, 끓으면 감자를 넣는다.

4 감자가 익으면 손질한 미역을 넣고 한소끔 끓인 후, 국간장으로 간을 하고 바로 불을 끈다.

TIP

된장국은 너무 오래 끓이면 텁텁해져요. 미역은 마지막에 넣어야 초록색이 변하지 않아요.

해초 현미 비빔밥

바다향기가 가득한 해초와 현미로 만든 비빔밥은 포만감을 주고 변비와 성인병 예방에 좋은 음식이다.

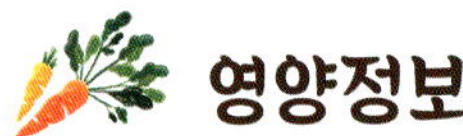

영양정보

해초는 피를 맑게 해주고, 뼈 건강, 혈압관리, 항노화 기능 및 탈모관리에 도움을 주는 식재료이다. 현미에는 식이섬유소가 많아 소화를 원활히 하고, 배변을 쉽게 하여 노폐물 배출을 촉진시키는 효과가 있다. 그 밖에도 당지수가 백미에 비해 낮은 편으로, 탄수화물의 흡수를 방해하여 당뇨인 어르신들의 혈당관리에 도움을 준다.

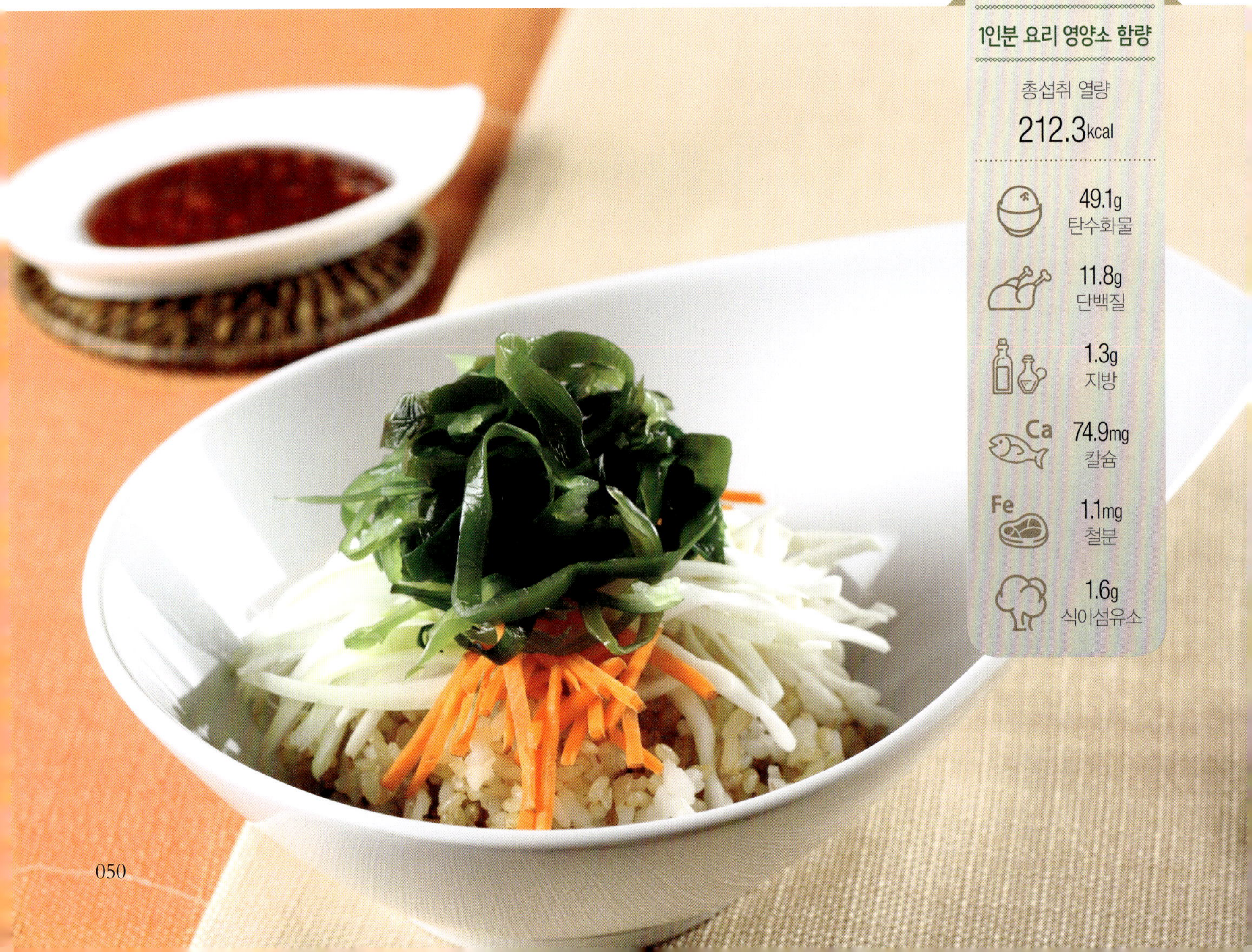

1인분 요리 영양소 함량

총섭취 열량
212.3kcal

49.1g	탄수화물
11.8g	단백질
1.3g	지방
74.9mg	칼슘 (Ca)
1.1mg	철분 (Fe)
1.6g	식이섬유소

1 모둠해초는 찬물에 여러 번 헹궈 소금기를 제거한다. 양파는 링 모양으로 얇게 썰어 반으로 잘라 찬물에 담근다. 당근과 양배추는 가늘게 채 썰어 찬물에 담갔다가 건진다.

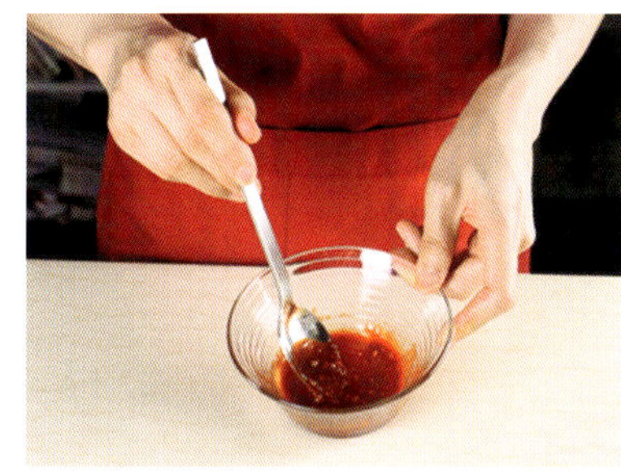

2 냄비에 불린 현미와 쌀, 건다시마로 밥을 지은 후, 다시마는 건진다.

3 초고추장을 만든다.

4 그릇에 현미밥과 양배추, 양파, 모둠해초를 담은 뒤, 초고추장을 곁들인다.

재료

주재료

쌀	30g
현미	30g
모둠해초	30g
양파	10g
양배추	10g
당근	10g
건다시마	조금

초고추장

물엿	5g
고추장	14g
양조식초	3g
참기름	약간
다진 마늘	2g

TIP

현미밥을 지을 때, 밥물이 끓어오르면 중간 불에서 뚜껑을 약간 열었다가 밥물이 자작해지면 뚜껑을 덮어 약한 불에서 5분간 두었다가 불을 끄고 뜸을 들여요.

우거지 등뼈찜

오래 삶아 물러진 돼지등뼈와 우거지가 잘 어우러져 나른한 봄날 식욕을 돋우는 데 좋은 음식이다.

 **영양정보**

우거지에는 식이섬유소와 칼슘이 풍부하여 변비 예방과 골다공증 예방에 도움을 주고, 돼지등뼈는 단백질과 칼슘이 많아 골밀도가 감소된 어르신들의 영양보충에 좋은 식재료이다. 음식이 기름지지 않게 지방부위를 제거하고 오래 삶아 소화흡수가 용이하도록 조리한다.

1인분 요리 영양소 함량	
총섭취 열량	**285**kcal
탄수화물	16.5g
단백질	30.3g
지방	15.5g
칼슘 (Ca)	140.9mg
철분 (Fe)	2.3mg
식이섬유소	5.02g

1 돼지등뼈는 찬물에 3시간 정도 담그는 동안 여러 번 물을 갈아주면서 핏물을 뺀다. 큰 냄비에 돼지등뼈가 잠길 정도로 물을 넉넉히 붓고 끓이다가 생강즙을 넣고, 물이 다시 끓으면 돼지등뼈를 건진다.

2 냄비에 데친 돼지등뼈를 넣고 물을 넉넉히 부어 불에서 끓이다가 약한 불로 줄여 뼈와 살이 분리될 정도로 푹 삶는다.

3 양파, 대파는 굵게 채썰고, 삶은 우거지는 줄기의 껍질을 제거한 뒤, 한입 크기로 썬다. 양념장을 만들어 반만 넣고 골고루 버무린다.

4 2와 3에 남은 양념장을 넣고 끓기 시작하면 불을 줄여서 국물이 자작할 때 까지 조린다.

재료

주재료

돼지등뼈	100g
생강즙	약간
삶은 우거지	50g
양파	20g
대파	10g

양념장

고춧가루	2g
청주	약간
고추기름	약간
다진 마늘	4g
다진 생강	약간
된장	10g
고추장	15g

무·연근조림

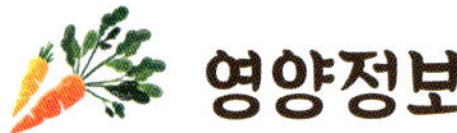

무, 연근을 오래 조려 소화가 용이하도록 조리하여 소화기능이 약한 어르신들에게 좋은 음식이다.

영양정보

연근에는 뮤신이 있어서 위 점막을 보호하여 소화를 돕고, 무에 함유되어 있는 디아스타제는 천연소화제의 효과가 있다.

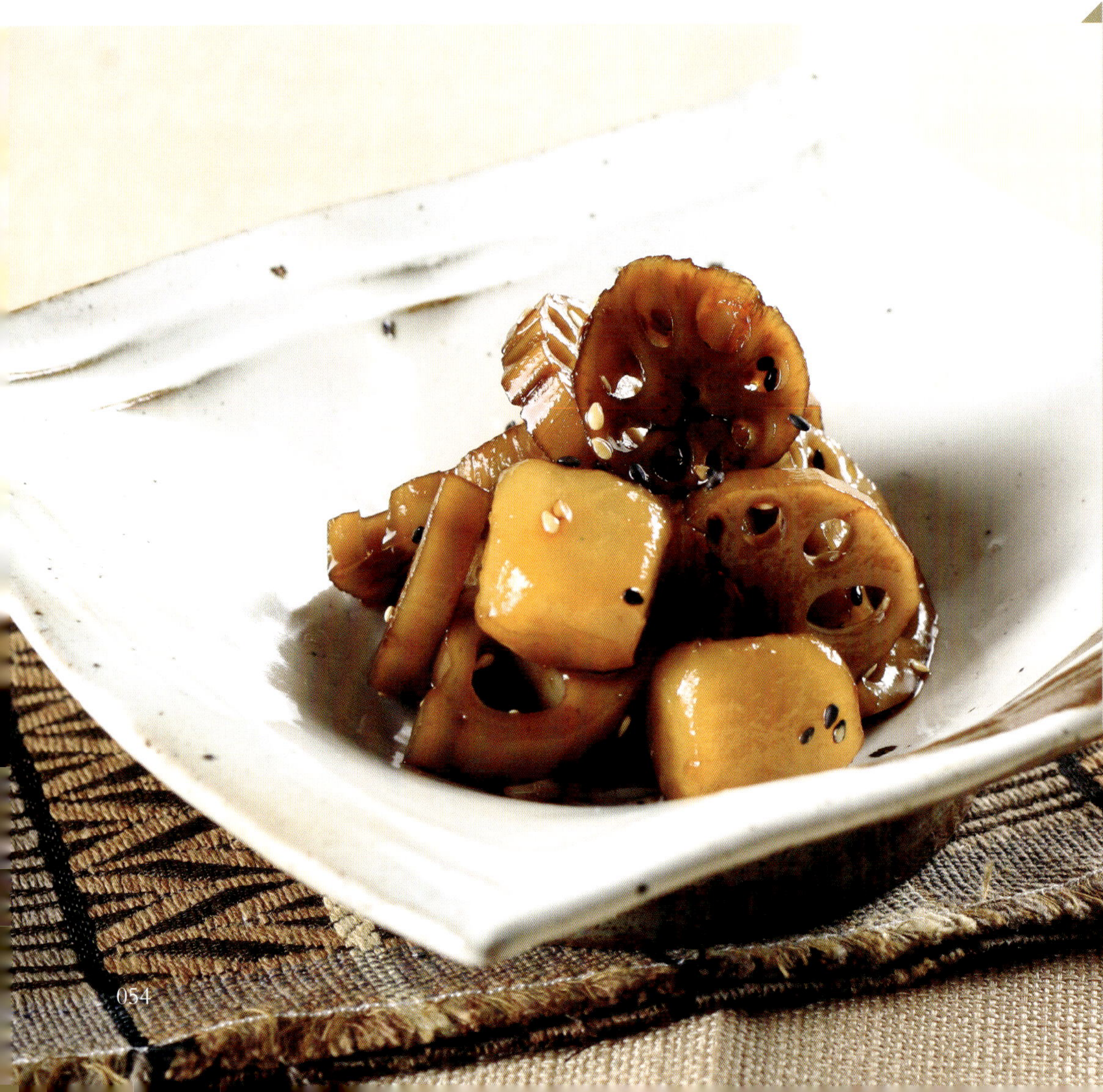

1인분 요리 영양소 함량

총섭취 열량
102.8kcal

24.3g 탄수화물

3.4g 단백질

0.5g 지방

Ca 52.4mg 칼슘

Fe 1.5mg 철분

2.4g 식이섬유소

1 무는 깨끗이 씻어 2.5×2.5cm로 깍
뚝 썰기하여 가장자리를 동그랗게
만든다. 그리고 연근은 껍질을 벗겨,
길이를 반으로 가른 다음 2cm 두께
로 자른다.

2 냄비에 물, 마늘, 생강을 넣어 펄펄
끓이다가 불을 끈다. 가다랑어포를
넣어 10분 정도 우려 체에 걸러 육
수를 만든다.

3 가다랑어포 육수에 간장, 맛술,
설탕을 넣어 조림장을 만든다.

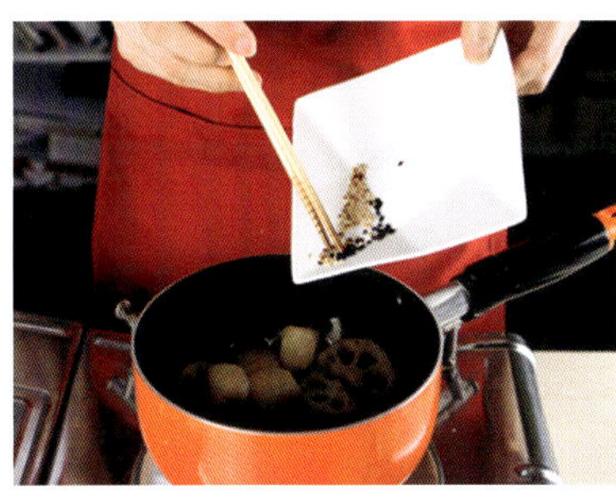

4 냄비에 손질한 무와 연근을 담고,
조림장을 넣어 센 불에서 10분 끓
이다가, 약한 불에서 20분 이상
조린다. 그리고 통깨와 검은깨를
뿌린다.

 재료

주재료

무	50g
연근	50g
통깨	약간
검은깨	약간

가다랑어포 육수

물	200cc
마늘	10g
생강	4g
가다랑어포	3g

조림장

가다랑어포 육수	약 150cc
간장	6g
맛술	5g
설탕	5g

 TIP

가다랑어포 국물을 낼 때 오래 우리면 향이 너무 강할 수 있어요.

취나물밥

생취를 이용한 취나물밥은 다양한 비타민과 무기질이 풍부하여 봄철 춘곤증 예방 음식으로 좋다.

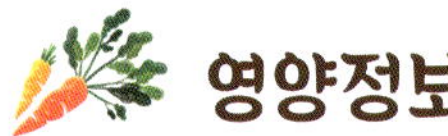

영양정보

취나물에는 단백질, 칼슘, 인, 철분, 비타민 B_1, B_2, 니아신 등이 함유되어 있는 알칼리 식품으로 다양한 영양소와 향이 풍부한 식재료이다.

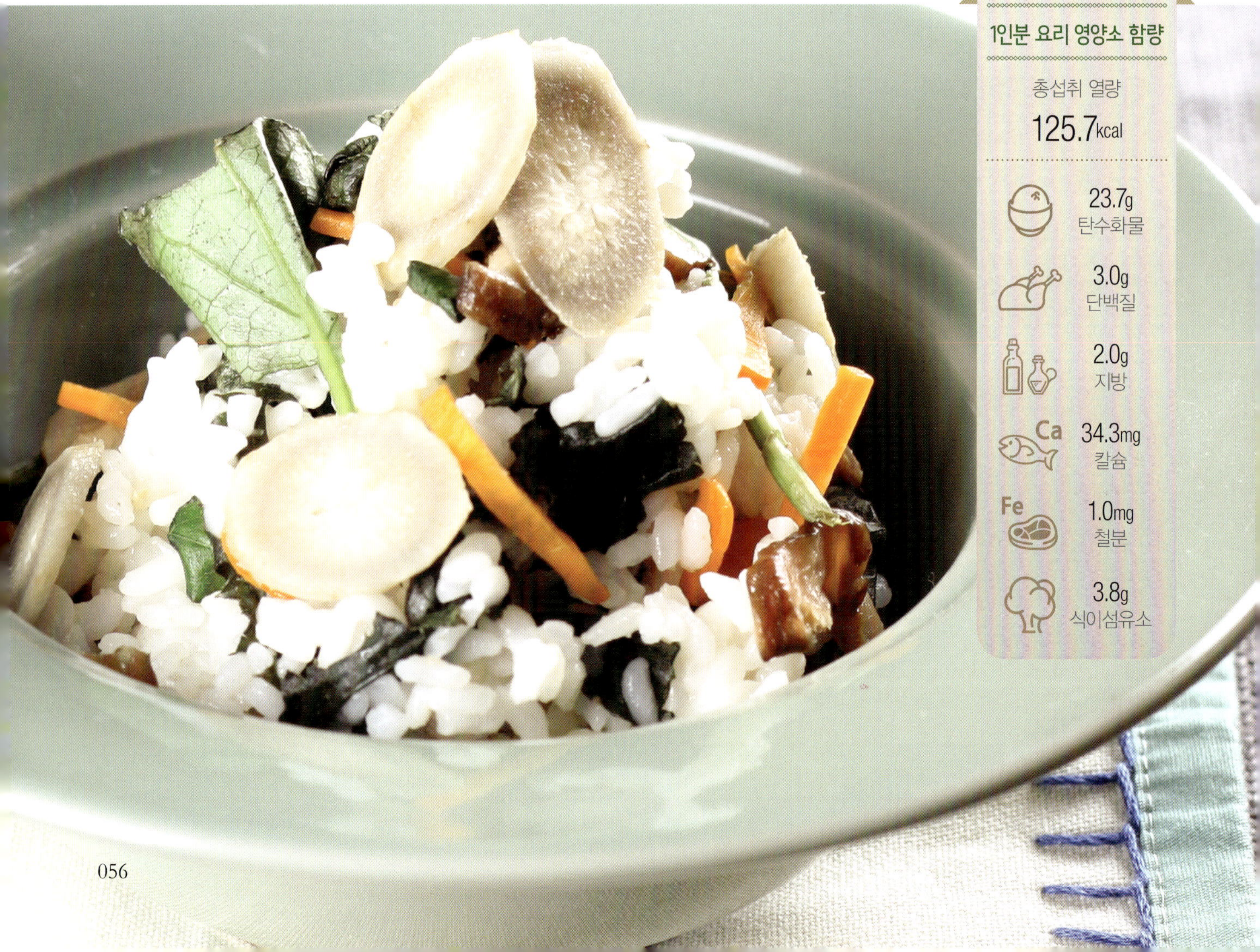

1인분 요리 영양소 함량

총섭취 열량
125.7kcal

탄수화물	23.7g
단백질	3.0g
지방	2.0g
칼슘 (Ca)	34.3mg
철분 (Fe)	1.0mg
식이섬유소	3.8g

1 생취나물은 깨끗이 손질하여 적당한 크기로 썰고, 당근은 채 썬다. 우엉은 식초 물에 담갔다가 어슷하게 썬다.

2 불린 건표고버섯, 우엉, 당근은 간장과 참기름으로 밑간하여 팬에 볶는다.

3 쌀은 불린 뒤 솥에 안치고, 볶은 우엉, 표고버섯, 당근을 올린 뒤 다시마 육수로 밥을 한다.

4 밥물이 자작해지면 취나물을 올려 뜸을 들인 후, 그릇에 담아 양념장을 곁들인다.

 ## 재료

주재료

쌀	50g
생취나물	10g
우엉	10g.
건표고버섯	1개
간장	3g
당근	5g
참기름	1g
다시마 육수	50cc
식초	약간

양념장

쪽파	2g
간장	5g
다시마 육수	5cc
참기름	약간
통깨	약간

TIP

마른 취나물을 미지근한 쌀뜨물에 불린 후, 삶으면 부드러워지고 묵은 냄새를 제거할 수 있어요.

해물 된장찌개

손쉽고 간편하게 조리 할 수 있으며, 해물과 채소가 어우러져 영양균형이 이루어진 음식으로
해물 대신 멸치 육수를 사용하거나 부재료로 냉장고에 있는 채소를 사용해도 좋다.

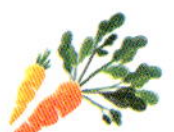

영양정보

바지락과 새우를 사용하여 개운하고 시원한 국물 맛을 낸 된장찌개로, 칼슘과 철분이 풍부하여 어르신들의 골다공증과 빈혈 예방에 좋다.

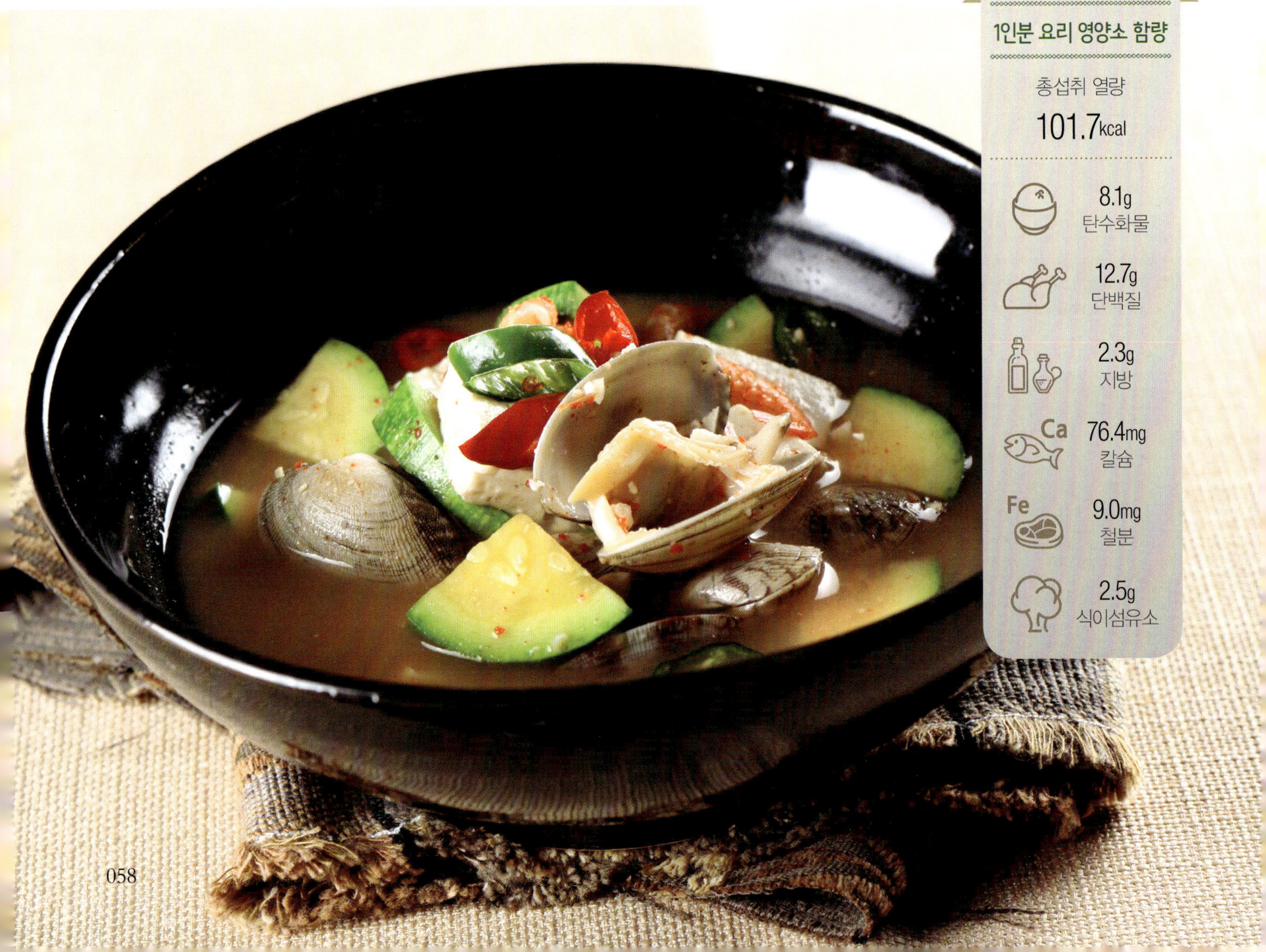

1인분 요리 영양소 함량

총섭취 열량
101.7kcal

탄수화물	8.1g
단백질	12.7g
지방	2.3g
칼슘 (Ca)	76.4mg
철분 (Fe)	9.0mg
식이섬유소	2.5g

1 두부, 애호박을 1/4 크기로 썰고, 홍고추, 풋고추도 송송 썬다.

2 해감시킨 바지락, 건새우에 물 200cc를 넣고 끓여 3/4분량의 육수를 만든다.

3 육수가 끓으면 된장을 풀고 애호박을 넣고, 두부, 풋고추와 홍고추를 넣는다.

4 다진 마늘과 고춧가루를 넣어 간을 맞춘다.

 **재료**

바지락	60g
건새우	2g
두부	30g
애호박	30g
풋고추	2g
홍고추	2g
된장	15g
다진 마늘	3g
물	200cc
고춧가루	약간

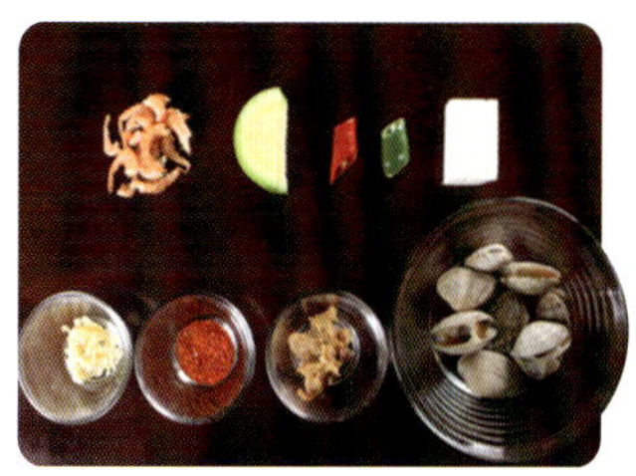

TIP

바지락을 해감 할 때는 소금물에 담가 두어야 해감이 잘 돼요.

3월 요리
(달래, 쑥, 취나물)

　환절기인 3월은 건조하고 일교차가 큰 계절로 어르신들은 신체 면역력이 떨어지면서 호흡기 질환에 걸리기 쉽다. 일반적으로 봄철에 발생하는 호흡기 질환의 원인으로는 황사, 꽃가루, 일교차 등이 있으며 이로 인해 천식, 기관지염 등과 같은 호흡기 질환이 발생한다. 호흡기 질환 예방법으로는 외출 후 손을 씻는 것이며, 손을 씻으면 손에 있는 세균의 90% 이상을 제거할 수 있다. 특히 꽃가루가 심한 날이나 황사가 심한 날은 외출을 되도록 피하고 외출이 필요한 경우에는 마스크를 꼭 착용하도록 한다.

　일교차가 심한 봄철에는 심장병이나 중풍 등 위험이 높아지는 시기로, 계절의 변화는 몸에 스트레스로 작용해 기력이 약한 어르신들이나 심장병, 당뇨병 환자는 계절에 적응하는 과정에서 증세가 악화될 수 있다. 봄철에 낮 기온은 포근하더라도 밤 기온이 낮아지기 쉬운 때이므로 겉옷을 항상 입거나 갖고 다니는 것이 체온을 일정 수준으로 유지하는 데 도움을 줄 수 있다. 특히 고혈압 환자들은 이른 아침 차가운 공기에 노출되지 않도록 주의해야 하며, 운동 전에는 스트레칭을 충분히 하고 걷기 운동부터 시작하는 것이 바람직하다. 따라서 봄에는 신진대사가 활발해지면서 비타민 등의 영양소가 많이 필요한 시기이므로 이를 손쉽게 보충해주는 음식으로 봄나물을 섭취하는 것이 중요하다. 봄나물 중 달래와 쑥 및 취나물을 소개하고자 한다.

달래 (Allium monanthum)는 백합과에 속하는 다년생 알뿌리 식물로 들판이나 야산의 야생 달래를 캐서 사용해 왔으며 최근에는 하우스에서 재배하여 이른 봄에 판매한다. 달래는 독특한 향기와 맛을 가지고 있으며, 예로부터 살균, 지혈, 신경안정, 해독 작용에도 효과가 있어 식용뿐만 아니라 약용으로도 이용됐다. 또 달래는 체내 HDL-콜레스테롤 및 인지질을 증가시키고 혈청 총 콜레스테롤과 혈당을 감소시켜 동맥경화증이나 당뇨병 등의 성인병 예방에 효과가 있다. 달래의 폴리페놀 성분은 1g당 92.5mgGAE μg/g으로 마늘과 고추보다 2~4배 많으며, 이는 항산화 및 약리작용에 뛰어난 것으로 알려져 있다. 달래는 봄에 된장국과 잘 어울리는 식재료다. 달래 특유의 향은 된장찌개에 잘 어울리고 달래의 둥근 하얀 뿌리는 국물요리에 잘 어울린다. 또한 달래는 식초나 레몬즙을 함께 사용하면 달래의 비타민C 파괴를 예방할 수 있으므로 초고추장과 같은 양념장을 사용하는 것이 좋다.

쑥은 오래전부터 우리 주위에 흔하면서도 소중하게 알려져 온 봄을 대표하는 건강식재료이다. 우리나라뿐만 아니라 일본과 중국 등 아시아 지역과 유럽 지역 등 전 세계적으로 약 400여종에 달하는 품종이 다양하게 분포되어 있으며, 특히 국내에서는 300여종의 다양한 쑥들이 전국 산야에 자생하고 있어 손쉽게 구할 수 있다. 쑥은 마늘, 당근과 더불어 성인병을 예방하는 3대 식물로 꼽힐 만큼 유익한 성분이 다량 함유되어 있다. 쑥의 잎과 싹에는 정유, 수렴성분, 유기산, 비타민C와 K 등이 함유되어 있다. 쑥은 또한 민간요법에서 가장 흔히 사용되는 약초 중 하나로 약용으로는 줄기, 식용으로는 어린잎을 사용해 왔다. 한방에서는 혈청 콜레스테롤 감소, 지혈제, 자궁출혈 예방, 만성간염, 냉풍, 악취제거, 소화불량, 중풍 예방 등에 효과가 있는 것으로 알려져 있다. 쑥은 예부터 식재료로 사용해 왔으며, 쑥떡, 쑥설기, 쑥탕과 같은 전통적인 요리에 다양하게 사용해 왔다. 특히 인진쑥과 약쑥은 일반 쑥에 비해 잎이 크며 약효능이 뛰어나 가장 많이 음식에 사용하고 있다. 이뿐 아니라 쑥의 쓴 잎과 싹은 식욕과 담즙을 촉진시키는 약재로 잎은 고기 요리에 향신료로 사용하기도 한다. 이른 봄에 어린 쑥을 따서 삶아 냉동실에 보관하면 1년 이내 사용할 수 있으며, 쑥을 보관할 때는 수분이 약간 남아 있게 말려 공기가 잘 통하는 곳에 두어야 한다.

취나물은 맛과 향이 뛰어나 널리 사랑받는 봄나물이다. 흔히 취나물로 불리는 참취는 감칠맛은 물론 비타민A, 칼슘 및 아미노산과 같은 영양성분이 풍부하다. 취나물은 칼륨함량이 높아서 체내의 나트륨을 체외로 배출시키고 피로를 덜어준다. 또한, 혈액순환을 촉진하고 혈관을 튼튼하게 해서 뇌혈관질환과 심혈관질환에 도움을 준다. 이뿐만 아니라 풍부한 식이섬유는 변비와 비만 해소에 효과가 있다. 주로 봄에 채취해 나물로 볶거나 무쳐 먹고, 데쳐서 쌈을 싸서 먹기도 한다. 취나물의 연한 잎은 살짝 데치고, 약간 질긴 잎은 잎자루가 부드러워지도록 익히는 시간을 조금 길게 한 후, 참기름으로 무치면 취나물의 풍부한 지용성 비타민의 흡수를 좋게 하면서 취나물 고유의 향에 고소한 맛이 더해진다. 또한 취나물을 볶을 때 들깨를 물에 넣고 갈으면 들깨의 단백질과 지방이 첨가되어 영양적으로 우수해진다. 그 밖에 취나물 생잎을 갈아서 밀가루에 섞어 국수, 수제비, 밀전병을 만들어 다양한 음식을 만들 수 있다. 생잎을 갈아서 냉장 또는 냉동보관 할 수 있고, 그늘에서 말린 후 취나물을 가루로 만들어 실온에서 보관해 간편하게 사용할 수 있다. 이렇게 만든 취나물 가루를 쌀가루에 섞어 인절미, 절편을 빚어 맛과 영양을 갖춘 영양 간식을 만들 수 있다.

바지락살 달래전

달래와 바지락을 사용하여 봄철에 생기기 쉬운 춘곤증을 이겨내게 하고 식욕을 돋우는 데 좋다.

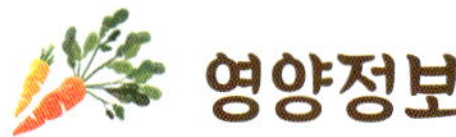

영양정보

바지락에는 칼슘, 마그네슘, 철분이 많아 빈혈이나 골다공증 예방에 도움을 주며, 달래에는 비타민B_1이 풍부하여 춘곤증과 피로회복에 매우 좋은 식재료이다.

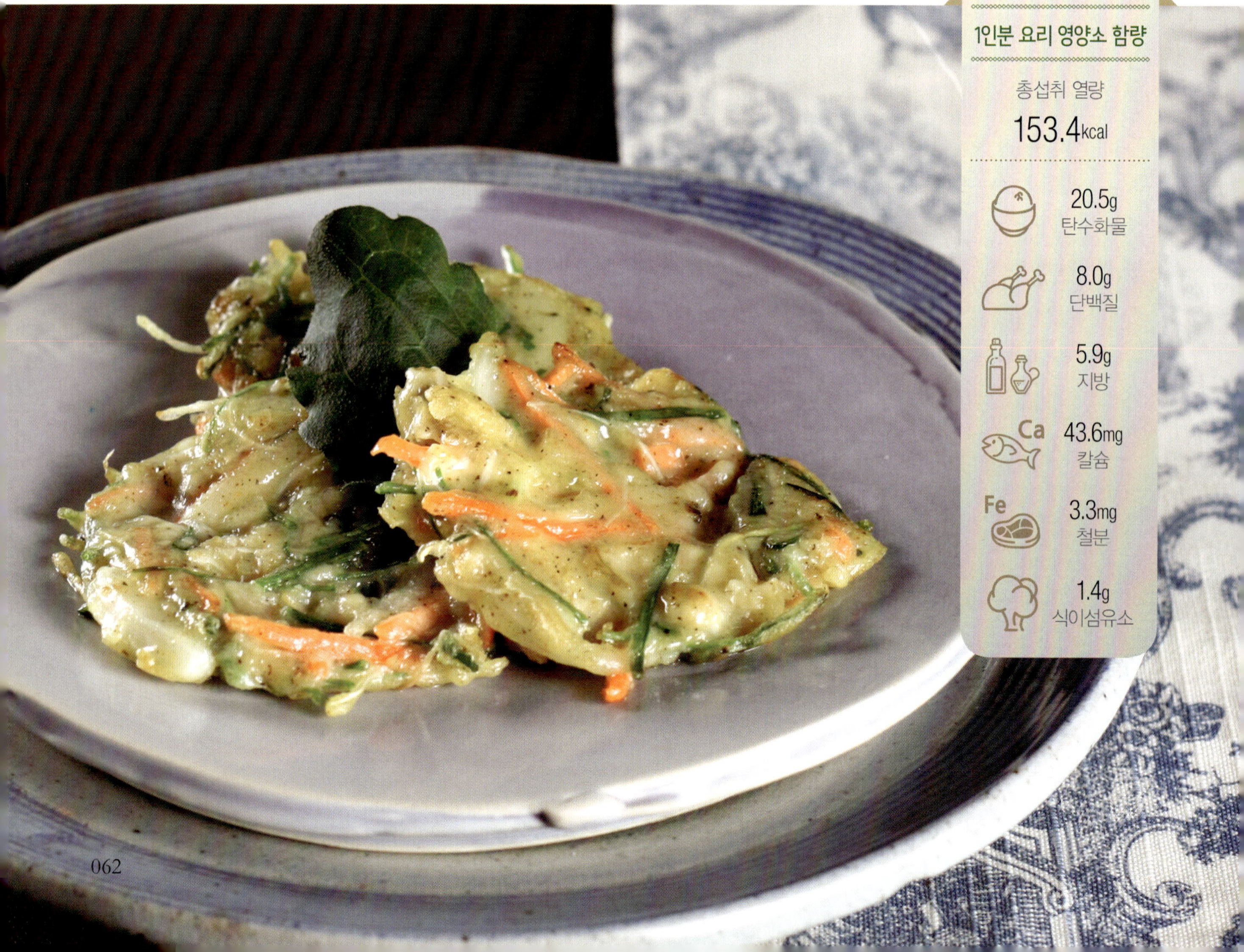

1인분 요리 영양소 함량

총섭취 열량
153.4kcal

탄수화물	20.5g
단백질	8.0g
지방	5.9g
칼슘 (Ca)	43.6mg
철분 (Fe)	3.3mg
식이섬유소	1.4g

1 바지락살을 잘게 다진다.

바지락살 ························· 20g
달래 ····························· 10g
양파 ····························· 10g
당근 ····························· 10g
부침가루 ························ 25g
식용유 ···························· 5g

2 달래는 짧게 썰고, 당근, 양파는
곱게 채 썬다.

3 바지락살과 채소에 부침가루와
물을 넣어 반죽한다.

4 달궈진 팬에 식용유를 두르고
숟가락으로 동그랗게 지진다.

꼬막 달래무침

봄철에 살이 꽉 찬 꼬막과 향이 진한 달래를 양념장에 무쳐서 만든 음식으로
입안에서 다채로운 맛을 느끼게 하여 봄에 생기기 쉬운 춘곤증 예방에 좋다.

 **영양정보**

꼬막은 고단백질 저칼로리 식품으로 비타민, 단백질, 무기질, 필수아미노산 등이 풍부하여 면역기능 향상과
골다공증 및 빈혈 예방에 좋은 식재료이다.

1인분 요리 영양소 함량

총섭취 열량
61.5kcal

4.4g	탄수화물
8.1g	단백질
1.8g	지방
Ca 75.3mg	칼슘
Fe 3.9mg	철분
1.9g	식이섬유소

1 꼬막은 깨끗이 씻어서 삶은 후, 껍질을 뗀다.

2 달래와 당근은 짧게 썬다.

3 양념장을 만든다.

4 꼬막살과 손질한 달래와 당근에 양념장을 무친다.

재료

주재료

꼬막	50g
달래	10g
당근	10g

양념장

고춧가루	2g
진간장	7g
사과식초	2g
황설탕	1g
레몬즙	2g
통깨	약간

TIP

꼬막은 물이 펄펄 끓어오르기 전에 넣어야 부드럽게 익어요.
한쪽 방향으로 저어가며 익히면 살이 한쪽 껍질에 붙어 있어 떼어내기 쉬워요.

쑥 콩가루국

봄의 냄새가 물씬 풍기는 쑥과 콩가루로, 부드럽고 구수해서 어르신들이 좋아하는 맛이며, 봄에 부족하기 쉬운 비타민과 무기질을 보충할 수 있다.

🥕 영양정보

칼슘이 풍부한 쑥에 된장, 날콩가루를 듬뿍 넣어 봄 향기와 구수함을 담았고, 비타민E와 비타민, 무기질이 풍부하여 피로 회복에도 좋다.

1 햇쑥을 다듬어 깨끗이 씻고 날콩가루에 살살 버무린다.

2 풋고추와 대파를 송송 썬다.

재료

햇쑥	20g
육수용 멸치	5g
날콩가루	10g
된장	10g
풋고추	2g
대파	1g
물	200cc

3 물에 육수용 멸치를 넣고 10분 정도 끓인 후, 멸치를 건져내고 된장을 푼다. 끓기 시작하면 콩가루 버무린 햇쑥을 넣는다.

4 냄비에 손질한 풋고추, 대파를 넣고 끓인다.

TIP

씻은 쑥에 물기가 조금 있을 때 콩가루를 묻히면 쑥에 콩가루 더 잘 묻어요.

취나물 잡채

시금치 대신 향긋한 생취를 넣어 봄의 향취를 물씬 느끼게 하는 잡채로
은은하고 향긋한 향이 가득하여 입 안을 행복하게 하는 음식이다.

 **영양정보**

취나물에는 단백질, 칼슘, 비타민이 많고, 느타리버섯에는 항산화 성분인 셀레늄, 칼륨, 식이섬유소가 풍부하여 암, 변비, 골다공증 예방에 좋은 식재료이다.

1인분 요리 영양소 함량	
총섭취 열량	237.8kcal
탄수화물	19.9g
단백질	1.5g
지방	9.1g
칼슘	Ca 50.4mg
철분	Fe 1.9mg
식이섬유소	2.2g

1 생취는 잘 다듬어 데친 후, 먹기 좋게 자른다.

2 파프리카, 양파는 채 썰고, 느타리버섯은 잘게 찢어 식용유를 두른 팬에 볶는다.

3 당면은 삶아서, 참기름, 진간장, 황설탕을 넣고 밑간을 한다.

4 3에 데친 생취와 볶은 채소를 섞어 버무린다.

 **재료**

생취	30g
파프리카	20g
당면	15g
느타리버섯	10g
양파	10g
참기름	2g
황설탕	3g
진간장	5g
식용유	7g

TIP

냄비에 물, 설탕, 간장, 식용유를 넣고 끓기 시작할 때 당면을 넣어 삶아도 좋아요.

굴 마늘조림

양질의 단백질이 풍부한 굴에 항산화 성분이 많은 마늘과 파프리카를 넣어 만든 요리로 어르신들의 밑반찬으로 간편하게 조리할 수 있다.

 **영양정보**

굴에는 마그네슘, 망간, 아연, 타우린 등이 풍부하여 어르신들의 건강에 좋고, 소화흡수도 잘 되는 식재료이다.

1인분 요리 영양소 함량	
총섭취 열량	67.3kcal
탄수화물	42.8g
단백질	5.5g
지방	1.8g
칼슘 (Ca)	3.2mg
철분 (Fe)	0.8mg
식이섬유소	0.1g

1 생강과 통마늘은 편으로 썬다.

 **재료**

굴	50g
통마늘	5g
파프리카	20g
진간장	5g
올리고당	5g
생강	3g

3月

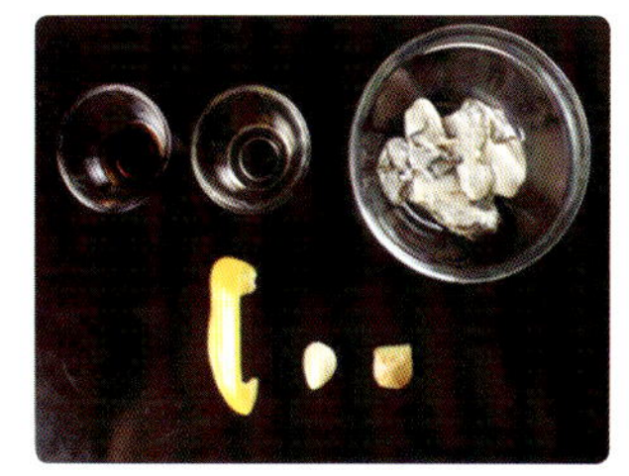

2 파프리카를 잘게 1.5×1.5cm 모양
으로 썬다.

3 진간장, 올리고당, 생강과 통마늘을
넣어 보글보글 끓으면, 손질한 굴을
넣고 약한 불로 계속 조린다.

4 조린물이 남았을 때 손질한 파프리
카를 넣고 섞은 후, 불을 끈다.

부추 버섯 들깨탕

일교차가 큰 날씨에 면역력을 높일 수 있는 식재료를 사용하여 구수한 맛과 간단한 조리법에
영양까지 듬뿍 담은 요리로, 들깨가루는 오래 끓이면 영양소가 파괴될 수 있으니 요리의 마지막 단계에 넣는 게 좋다.

 ## 영양정보

들깨가루에는 오메가-3 지방산인 리놀렌산과 칼슘이 풍부하여 체내 콜레스테롤 수치를 낮춰 심혈관질환 예
방에 도움을 주고, 골밀도가 낮은 어르신들의 골다공증 예방에 좋은 식재료이다.

1인분 요리 영양소 함량

총섭취 열량
129.4kcal

13.6g	탄수화물	
4.7g	단백질	
7.5g	지방	
Ca	71.4mg	칼슘
Fe	1.7mg	철분
	2.0g	식이섬유소

1 미니 새송이버섯은 반으로 썰고, 건표고버섯은 불린다.

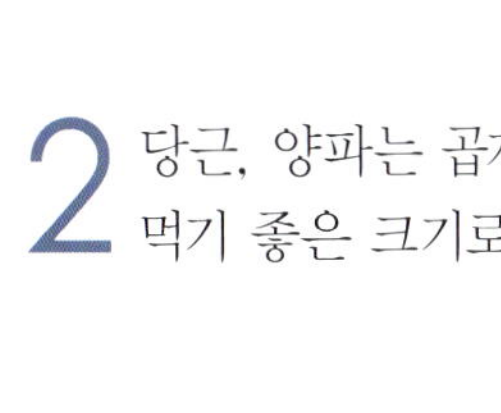

2 당근, 양파는 곱게 채 썰고 부추는 먹기 좋은 크기로 썬다.

3 달궈진 팬에 들기름을 두르고 다진 마늘, 양파를 넣어 볶다가 당근, 미니 새송이버섯, 불린 표고버섯을 볶은 후 된장을 육수에 풀어서 넣고 끓인다.

4 들깨가루를 넣고, 끓으면 부추를 넣어 그릇에 담는다.

 ## 재료

주재료

미니 새송이버섯	30g
건표고버섯	5g
들깨가루	10g
양파	10g
된장	10g
부추	10g
당근	10g
들기름	3g
다진 마늘	2g

육수

다시용 멸치	5g
건다시마	1g
물	350cc

 ## TIP

된장은 직접 냄비에 넣는 것보다 미리 육수에 풀어서 넣어야 덩어리가 남지 않고 잘 풀려요.

소불고기 냉이 덮밥

3월의 제철식품인 향이 좋은 냉이를 양질의 단백질이 풍부한 불고기와 함께 만든 일품요리로 조리법이 간단하면서 다양한 영양소를 골고루 섭취할 수 있다.

 **영양정보**

쇠고기는 단백질과 철분 급원식품으로 빈혈 예방과 면역기능 향상에 도움을 주는 식재료이다. 냉이에는 비타민A와 B, 단백질, 칼슘과 같은 무기질이 풍부하게 함유되어 있어 체내 신진대사를 활발히 하는데 도움을 주며, 춘곤증 예방에 좋다.

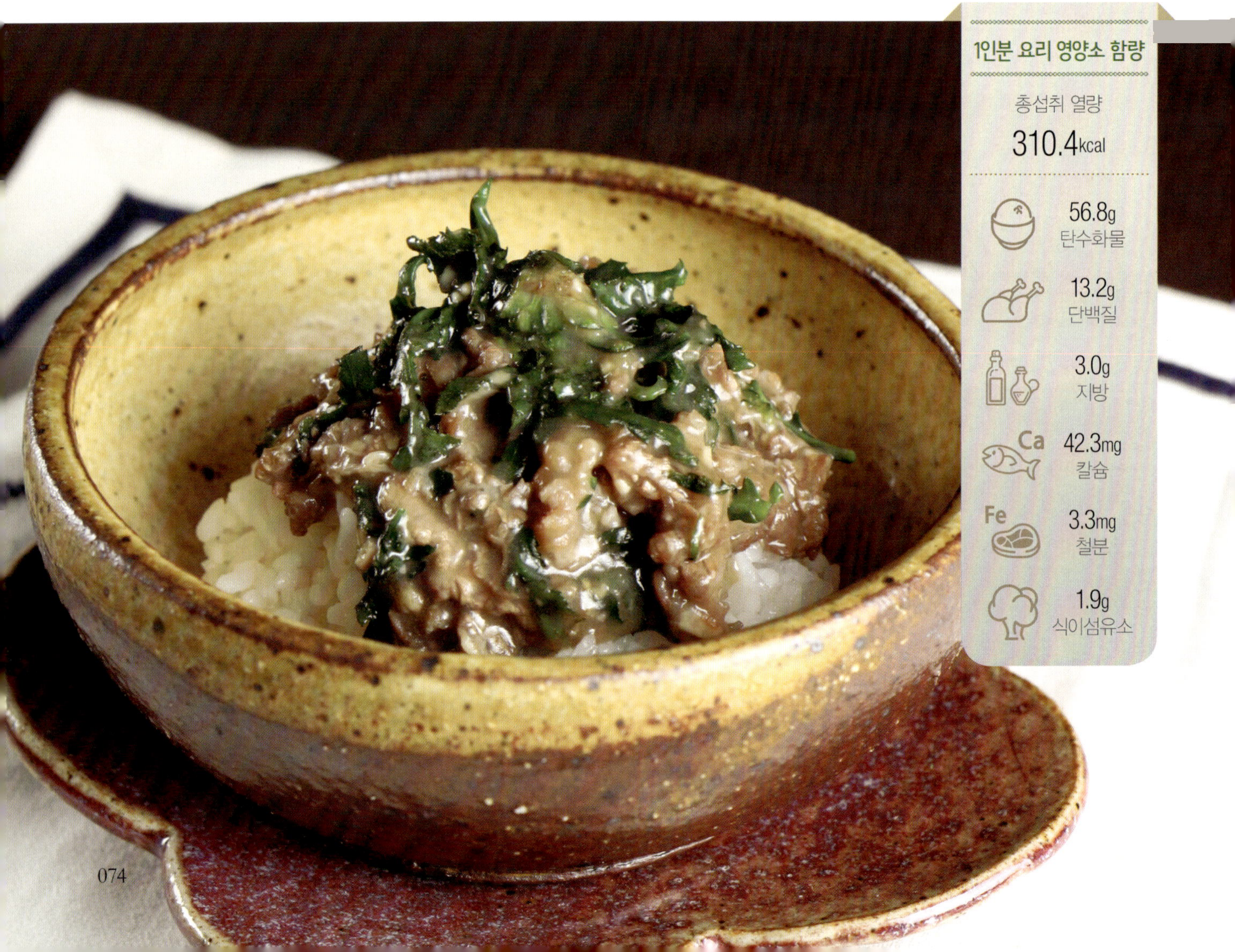

1 소불고기는 먹기 좋게 자른 후 양념
장에 잰다.

2 냉이는 다듬어 씻고, 데친 후 잘게
썬다.

3 소불고기를 볶고, 냉이를 섞는다.

4 3에 전분 물을 부어 걸쭉하게 익힌
후, 밥 위에 얹는다.

 **재료**

주재료

냉이	20g
소불고기	40g
쌀	60g

양념장

진간장	10g
다진 마늘	2g
황설탕	3g
다진 대파	5g
전분	5g
물	30cc

파래 달걀말이

바다향이 솔솔 풍기는 파래와 채소를 달걀 물에 풀어서 만든 음식으로
뜨거운 밥 한 공기와 파래 달걀말이를 함께 먹으면 꿀맛이다.

영양정보

단백질 급원식품인 달걀과 철분, 칼슘 등 무기질이 풍부한 파래는 빈혈과 골다공증 예방에 도움을 주는 식재료이다.

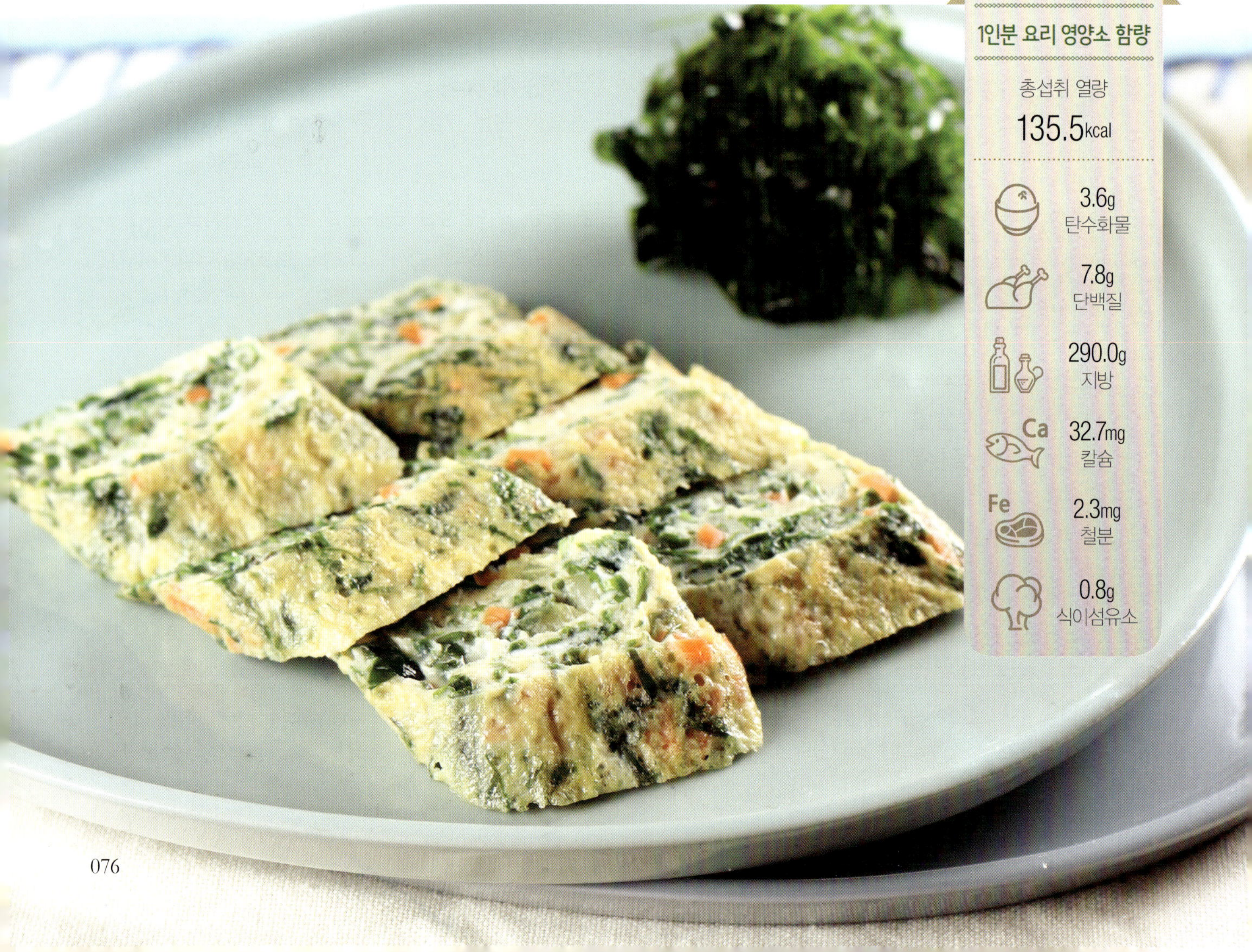

1인분 요리 영양소 함량

총섭취 열량
135.5kcal

3.6g 탄수화물
7.8g 단백질
290.0g 지방
Ca 32.7mg 칼슘
Fe 2.3mg 철분
0.8g 식이섬유소

1 파래는 맑은 물이 나올 때까지 흐르는 물에 씻어서 간장, 다진 마늘, 깨소금으로 버무려둔다.

2 당근, 양파는 다지고, 달걀은 잘 풀어 둔다.

3 풀어 둔 달걀에 파래, 다진 당근, 양파를 넣고 섞는다.

4 식용유를 두른 팬에 3을 넣어 달걀말이를 한다.

 **재료**

주재료

파래	10g
달걀	1개
당근	5g
양파	10g
식용유	5g
간장	5g
다진 마늘	2g
깨소금	약간

4월 요리
(비트, 단호박, 돌나물)

　4월은 일교차가 큰 환절기로 습도가 낮아져 감기 바이러스가 번식하기 좋은 환경이다. 면역력이 약한 어르신들의 경우 감기가 쉽게 걸리게 되고 폐렴 등 합병증의 위험이 있으므로 주의가 필요하다. 어르신들의 면역력 향상을 위해 4월의 식품으로 비트, 단호박과 돌나물을 소개하고자 한다.

　비트 (Beta vularis L.)는 명아주과에 속하는 뿌리채소로 근공채, 홍채두 등으로 불리는 서양 붉은 순무로 불린다. 식물체 전체를 사용할 수 있으며 손쉽게 재배할 수 있는 식물로 우리나라에서는 아열대성 기후이며 땅이 얼지 않는 제주도에서 주로 재배되고 있다. 비트는 다당류인 갈락탄(galgactans), 펙틴(pectin) 및 아미노산인 아스파라긴(asparagine), 글루타민(glytamine) 등을 함유하고 있으며, 그 외에 유기산, 올리고당 등 여러 가지 성분을 구성하고 있다.

　비트의 적자색 색소 물질인 베타라인(betalain) 색소는 수용성으로 진한 적자색을 띠는 베타시아닌(betacyanin)과 노란색을 띠는 베타잔틴(betaxanthin)으로 구성되어 있다. 비트의 색소 성분인 베타시아닌은 알칼로이드(alkaloid)의 하나로 페놀성 화합물인 안토시아닌계(anthocyanin) 화합물로 분류되며 항산화, 항암효과 등이 있다. 또한, 베타라인은 자유 라디칼의 소거 능력이 우수하여 체내 세포를 공격하는 활성 산소 및 자유 라디칼에 의해 유도된 지질과산화를 예방하여 면역력을 높여주는 것으로 알려져 있다. 뿌리는 빨간 색소의 주요 공급원이며 색소는 pH 4~7에서 안정하고 변화가 적으며 pH 9 이상이면 황변하는 특징이 있다. 따라서 빛, 산소, 높은 습도를 차단하여 포장해야 하며 건조제품형태로 이용되고 있다. 또한, 비트에 함유되어 있는 질산염은 체내에서 일산화질소로 전환되어 혈액확장과 혈액순환을 돕는 역할을 한다. 최근 영국 대학의 보고에 의하면 매일 비트즙을 8온스(205ml) 가량 섭취한 고혈압 환자의 경우 혈압이 감소한 것으로 나타났다는 연구결과가 보고되었다. 비트는 100g당 45kcal를 함유하고 있는 저열량 식품이며 양질의 식이섬유가 풍부하기 때문에 다이어트에 도움을 주며 특히 변비를 막아준다. 한편, 비트는 간세포 생성을 돕고 간의 해독작용을 도와 지방간을 예방할 뿐만 아니라 피로회복에도 도움을 준다. 또한 비트에 풍부하게 포함된 철분과 엽산은 적혈구 생성 및 조혈작용에 도움을 주므로 빈혈 예방에 좋은 공급원으로 알려져 있다.

단호박 (Cucurbita spp)은 박과에 속하는 1년생 덩굴성 초본으로 남아메리카 페루가 원산지인 서양계 호박이며 기호성 작물이다. 예로부터 우리나라에서는 호박을 식용과 약용으로 널리 사용해 왔으며 회복기의 환자, 위장이 약한 사람, 노인과 산모 등에게 좋은 식품으로 알려져 있다. 단호박은 쪄서 먹어도 달콤하고 부드러우며 호박죽을 쑤어도 영양만점이다. 동양계 호박인 늙은 호박보다 단호박에 베타카로틴 함량이 10배 이상 높으며, 베타카로틴은 체내에서 비타민A로 전환되어 시력 건강에 도움을 주고 항산화작용에 중요한 역할을 한다. 또한, 무기질이 풍부하게 들어있으며 비타민A, B1, B2, C 등과 같은 성분도 풍부하다. 이 밖에도 필수아미노산이 많이 함유되어 있어 두뇌 발달과 향상에 도움을 주며, 대체로 높은 기호성과 기능성으로 모든 연령대에게 건강에 좋은 웰빙 식품으로 각광받고 있다. 단호박은 100g당 30kcal 정도의 저칼로리 식품이지만 포만감이 크며 다른 음식보다 소화 속도가 느려 공복감이 적어 다이어트에 도움을 주고, 산후 부기 회복에도 효과가 있다고 알려져 있다. 특히 호흡기 질환이 있는 사람에게 저항력을 길러주는 효과를 가지고 있다.

단호박을 구입할 때는 색깔이 고르고 짙고 단단하며 크기에 비해 무거운 것을 고르는게 좋다. 또한 직사광선을 피해 서늘한 곳에 보관하면 오래 보관할 수 있다. 단호박 껍질은 익힌 후 벗기면 더 쉽게 제거할 수 있다. 한편, 사용하다 남은 단호박은 쉽게 건조해지므로 랩으로 싸서 보관한다.

돌나물 은 달래, 냉이와 함께 봄철 대표 나물로서, 돈나물, 돗나물, 석상채 등의 이름으로 불린다. 돌나물에는 인산과 비타민C 함량이 풍부하며 신맛 성분이 함유되어 있어 식욕을 돋우는 역할을 한다. 그리고 칼슘 함량이 풍부하여 뼈를 튼튼하게 하는데 도움을 준다. 돌나물에는 수분이 풍부하므로 땀이 많이 나는 여름철 물김치에 돌나물을 넣으면 수분 섭취에 도움을 주고, 물김치가 더욱 감칠맛이 난다. 돌나물을 넣어 물김치를 만들 때 소금을 적게 사용하는 편이 맛을 좋게 한다. 돌나물에 풍부한 타라제론(taraxerone)은 알코올로 유발되는 숙취 해소 물질로 혈중 에탄올 및 아세트알데히드의 농도를 현저히 낮추는 효과가 있어 간질환 예방에 도움을 준다.

돌나물은 색이 짙고 잎이 뾰족하고 통통한 것이 좋다. 구입한 후 가능한 빨리 섭취하는 것이 비타민과 무기질 손상을 최소화 하며, 장기간 보관할 경우에는 물기를 제거하기 위해 키친 타올이나 신문지에 싸서 보관하는 것이 좋다. 돌나물은 유난히 풋내가 많이 나므로 싱싱한 것을 골라서 깨끗하게 씻은 후, 데치거나 익히지 않고 생으로 먹는 것이 좋다. 돌나물을 씻을 때도 물에 담갔다가 으깨지지 않게 살살 흔들어 건져야 풋내가 덜난다. 돌나물은 주로 초고추장을 곁들여 생으로 먹거나 비타민이 풍부하므로 육류와 잘 어울리는 채소로 새콤달콤하게 겉절이 하여 먹으면 돌나물 맛을 즐길 수 있다.

돌나물 물김치

비트와 돌나물에 사과를 넣어 만든 돌나물 물김치는 향긋한 향과 단맛이 가미된 음식으로 봄철 입맛을 자극하는 데 좋은 음식이다.

 **영양정보**

비트의 붉은 안토시아닌 색소는 항산화 작용과 면역기능 향상, 노화 예방에 도움을 준다. 돌나물에는 칼슘이 많아 어르신들의 골다공증 예방에 도움을 준다.

1인분 요리 영양소 함량

총섭취 열량

47kcal

	함량	영양소
	11g	탄수화물
	1g	단백질
	0g	지방
Ca	54mg	칼슘
Fe	1mg	철분
	1g	식이섬유소

1 무, 비트, 사과, 양파는 씻어서 0.3cm 두께로 나박으로 썰고, 홍고추는 송송 썰고 돌나물은 적당한 크기로 썬다.

2 비트는 물과 설탕을 섞어서 30분 정도 담근다.

3 비트를 담근 물에 마늘을 넣어 김치 국물을 만든다.

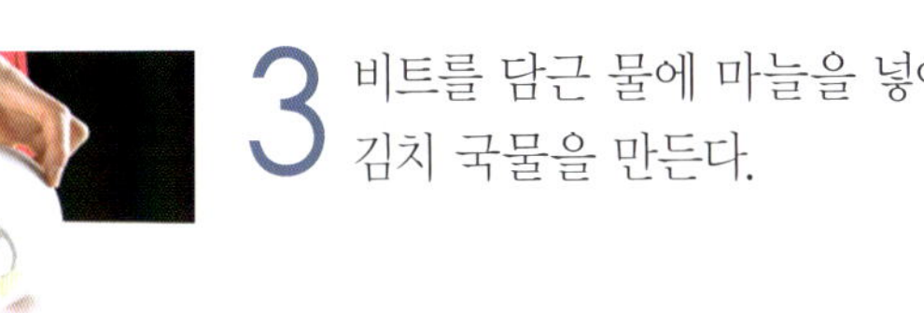

4 볼에 1을 담고 김치 국물을 부은 후, 송송 썬 홍고추를 올린다.

 **재료**

돌나물	20g
무	20g
비트	10g
사과	10g
홍고추	3g
양파	20g
물	100cc
마늘	5g
소금	약간
설탕	약간

양상추 비트 샐러드

간단하고 손쉽게 요리할 수 있는 요리로 부드러운 양상추, 파프리카, 비트에
요구르트 드레싱을 얹은 샐러드로 정장작용에 도움을 주는 음식이다.

 **영양정보**

양상추에 항산화 성분이 많은 비트와 파프리카를 요구르트와 곁들인 음식으로 어르신들의 노화 예방과 장
건강에 도움을 주는 샐러드이다.

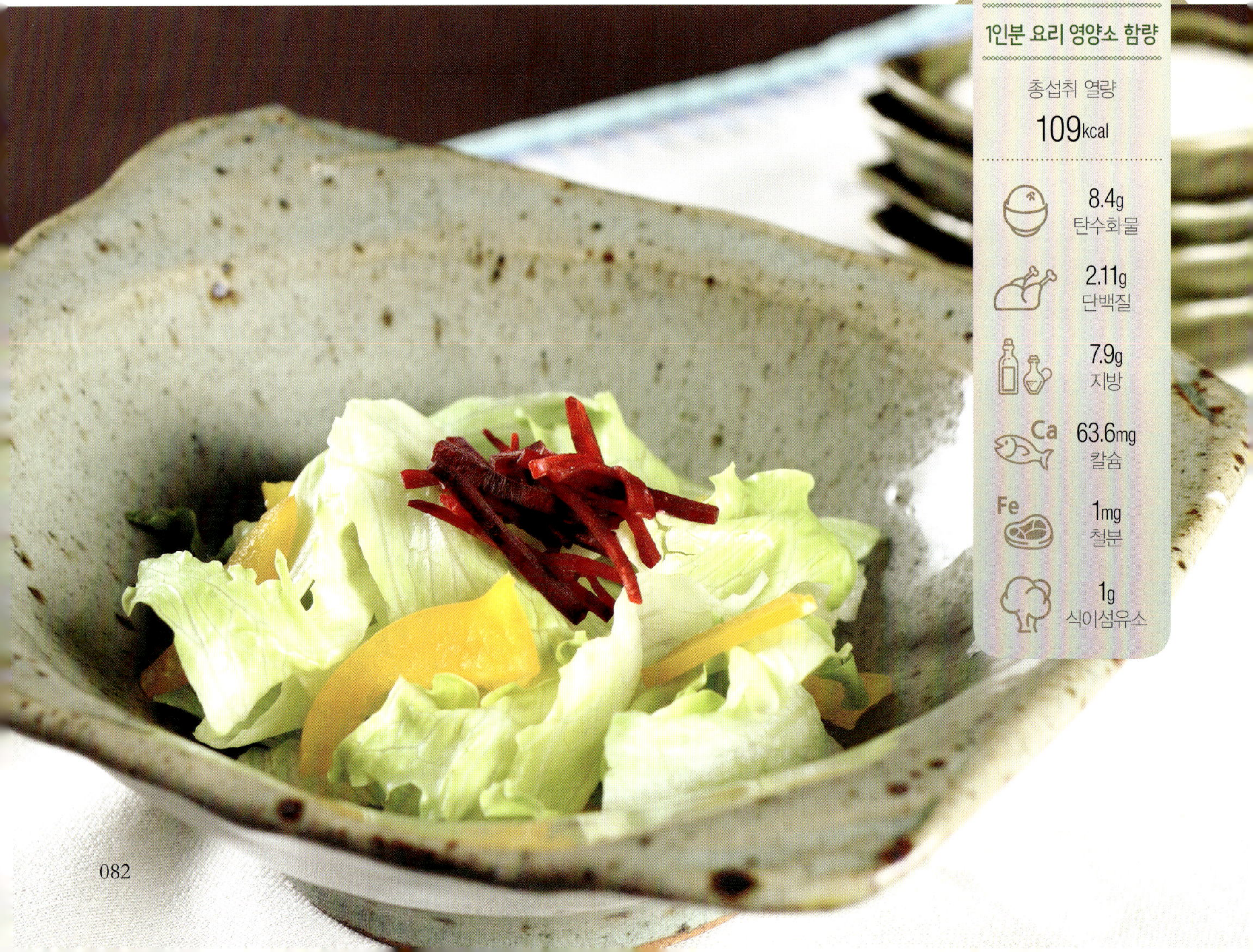

1 양상추는 깨끗이 씻어서 먹기 좋게 뜯는다.

2 비트, 파프리카는 곱게 채 썬다.

3 볼에 1과 2를 섞는다.

4 요구르트 드레싱을 3에 뿌린다.

 **재료**

주재료

양상추	30g
비트	5g
파프리카	10g

요구르트 드레싱

플레인 요구르트	30g
마요네즈	10g
레몬즙	3g

단호박 샐러드

부드럽고 고소한 단호박과 고구마를 우유와 함께 졸여서 으깬 샐러드로 만들기가 쉽고 어느 음식과도 궁합이 잘 맞는다.

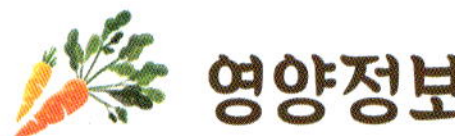

영양정보

단호박과 고구마에는 체내에서 비타민A로 전환 가능한 베타카로틴 함량이 높아 눈 건강에 도움을 주고, 식이섬유소가 풍부하여 변비 예방에 좋다.

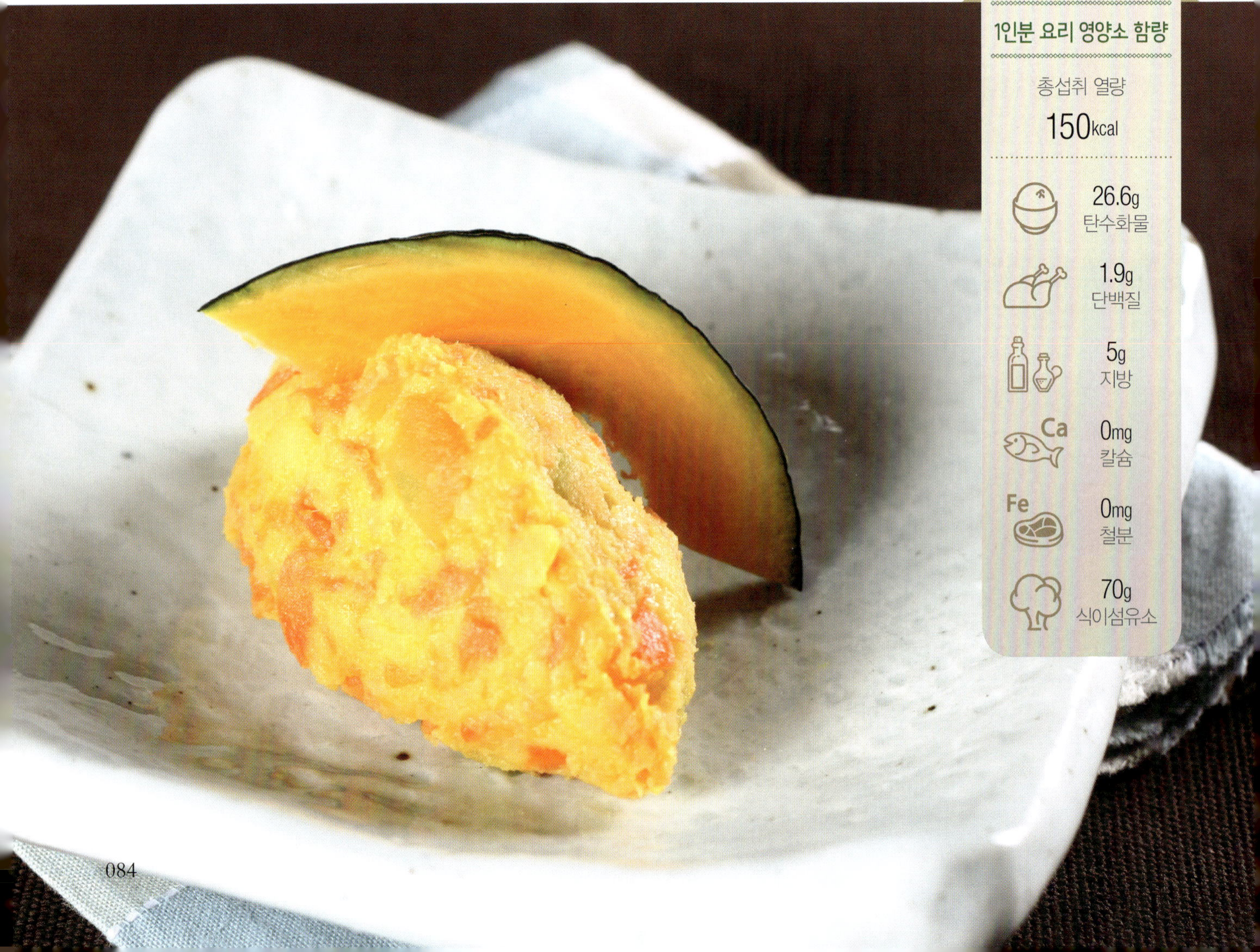

1인분 요리 영양소 함량

총섭취 열량
150kcal

26.6g	탄수화물
1.9g	단백질
5g	지방
0mg	칼슘
0mg	철분
70g	식이섬유소

1 당근, 단호박, 고구마를 한입 크기로 납작하게 썬다.

 **재료**

단호박	⋯⋯⋯⋯⋯⋯⋯⋯	40g
당근	⋯⋯⋯⋯⋯⋯⋯⋯	20g
고구마	⋯⋯⋯⋯⋯⋯⋯⋯	30g
우유	⋯⋯⋯⋯⋯⋯⋯⋯	20g
버터	⋯⋯⋯⋯⋯⋯⋯⋯	5g
물	⋯⋯⋯⋯⋯⋯⋯⋯	50cc

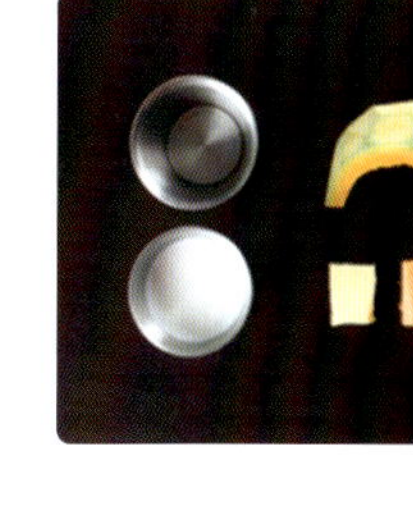

2 냄비에 당근, 고구마, 단호박 순으로 차곡차곡 깔고 우유와 물을 붓고, 버터를 넣어 약한 불로 계속 졸인다.

3 우유가 반 정도로 졸아들면 단호박이 다 익었는지 확인한다.

4 볼에 담아 잘 으깨어 그릇에 담근다.

 **TIP**

단호박은 냄비 바닥에 눌러 붙지 않게 뒤적이며 저어주세요.

생고등어 우거지찜

살이 두툼한 고등어에 우거지를 넣고 갖은 양념한 찜요리로 어르신들의 입맛을 좋게 하는 음식이다.

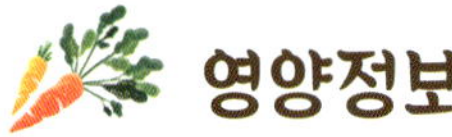

영양정보

싱싱한 고등어에는 항염증 효과를 주는 오메가-3가 많고, 우거지에는 식이섬유소가 많다. 두 재료가 어울려 맛을 부드럽게 하면서 단백질과 식이섬유소를 공급해 줄 수 있는 좋은 음식이다. 고등어에 많은 오메가-3지방산은 체내 콜레스테롤의 개선 효과와 혈행을 원활히 하여 어르신들의 고지혈증이나 뇌혈관질환 예방에 도움을 준다.

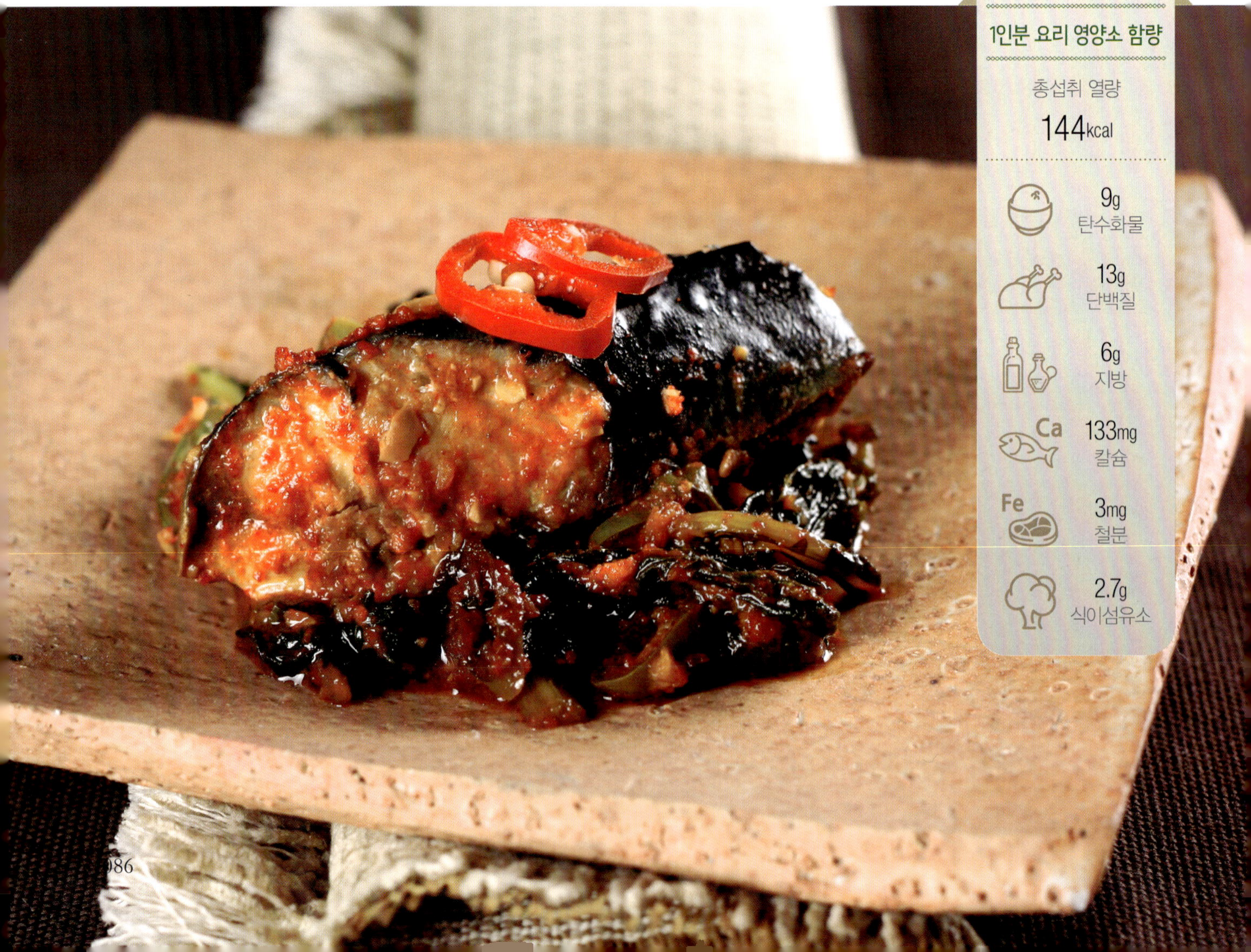

1인분 요리 영양소 함량

총섭취 열량
144kcal

탄수화물	9g
단백질	13g
지방	6g
칼슘 (Ca)	133mg
철분 (Fe)	3mg
식이섬유소	2.7g

1 우거지는 물기를 꼭 짠 후, 5cm 길이로 자른다.

2 양념장을 만든다.

3 양념장의 1/2을 우거지에 넣고 밑간을 한다.

4 우거지 위에 고등어 토막을 올려놓고 남은 양념장, 홍고추, 풋고추를 넣고 뚜껑을 닫고 찐다.

재료

주재료

고등어 토막	50g
우거지	40g
홍고추	3g
풋고추	3g

양념장

다진 마늘	5g
고춧가루	3g
된장	10g
다진 생강	5g
참기름	5g
간장	5g
물	50cc

TIP

센 불에서 조리하기 시작하여 끓으면 중약불로 줄이고 양념이 골고루 배시도록 한두 번 뒤적신다.

버섯 매운탕

고기육수에 여러 가지 버섯과 채소를 넣고 끓인 음식으로 어르신들의 식욕을 돋운다.

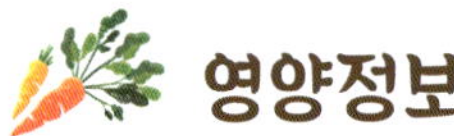

영양정보

버섯에는 엽산이 풍부하여 빈혈로 고생하는 어르신들에게 좋다. 소화기능이 약한 분들의 경우, 느타리버섯이나 목이버섯보다 양송이버섯, 새송이버섯, 생표고버섯 등의 부드러운 버섯을 사용하여 맵지 않게 조리한다.

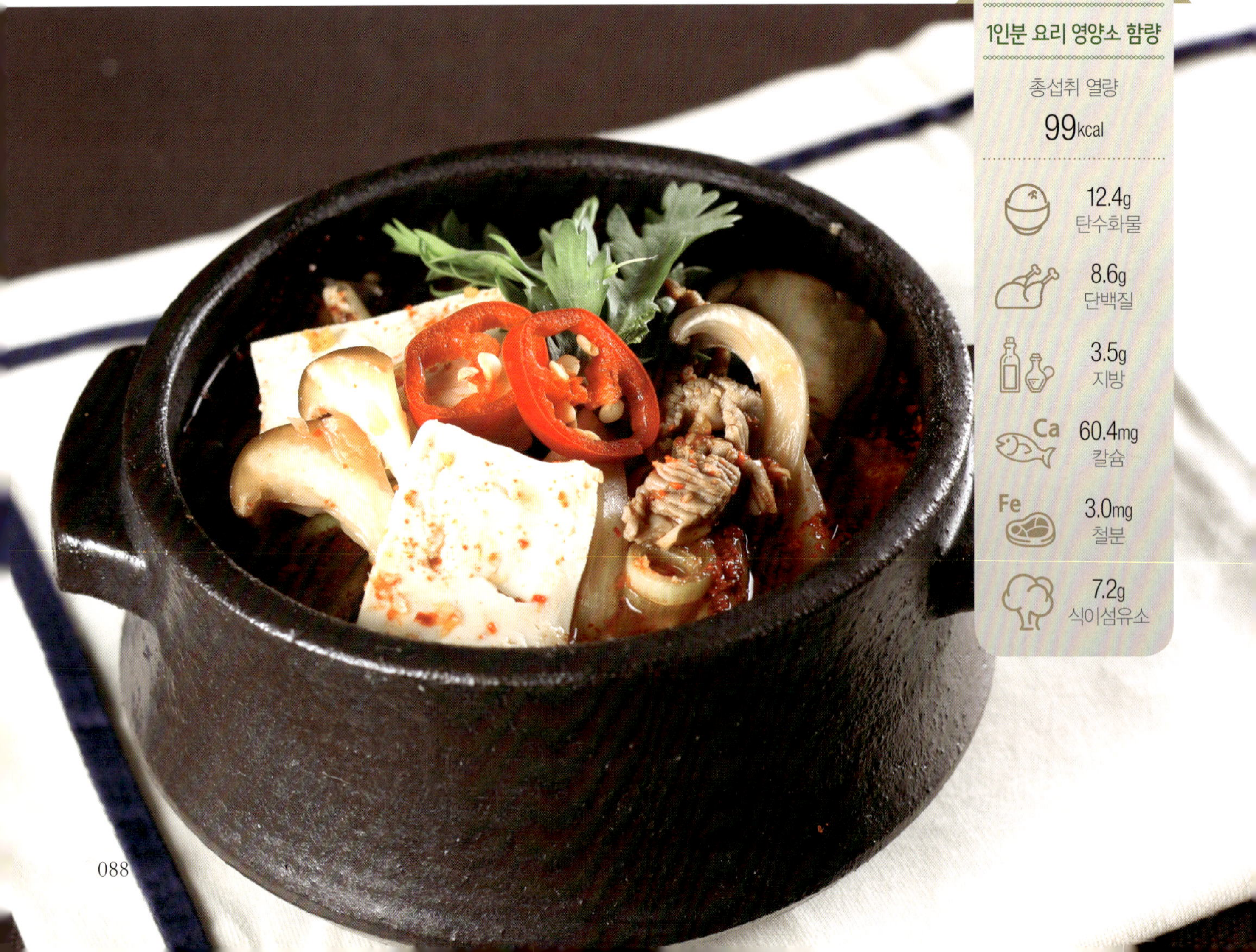

1인분 요리 영양소 함량

총섭취 열량
99kcal

12.4g 탄수화물
8.6g 단백질
3.5g 지방
Ca 60.4mg 칼슘
Fe 3.0mg 철분
7.2g 식이섬유소

1 느타리버섯, 팽이버섯, 새송이버섯, 양파는 먹기 좋은 크기로 썰고, 미나리는 한입 길이로 썬다.

2 다시마 육수를 우린 후, 재료를 넣고 양념장을 만든다.

3 뚝배기에 쇠고기와 버섯, 양파, 대파는 송송 썰어서 담고, 양념장을 붓는다.

4 끓기 시작하면 판두부, 쑥갓, 청고추, 홍고추를 넣고 한소끔 끓인다.

재료

주재료

쇠고기 국거리	10g
느타리버섯	10g
팽이버섯	20g
판두부	30g
새송이버섯	10g
쑥갓	10g
청고추	5g
홍고추	5g
대파	5g
양파	10g
미나리	5g

다시마 육수

다시마	1장(5×5cm)
물	200cc

양념장

다진 마늘	5g
다진생강	5g
액젓	5g
후춧가루	약간
소금	약간
고춧가루	약간

TIP

다시마 육수는 찬물에서 30분 동안 담근 후, 끓기 시작하면 다시마를 건져낸다.

봄나물 비빔밥

춘곤증으로 입맛을 잃기 쉬운 봄철에 입맛을 돋우는 음식으로 향기로운 각종 봄나물에 약고추장을 곁들여 겨울철 부족하기 쉬운 비타민, 무기질을 보충하고 섭취량을 높일 수 있는 음식이다.

영양정보

비빔재료에 넣는 약고추장은 갖은 양념한 다진 쇠고기와 고추장을 섞어 부드럽게 볶은 양념장이다. 매운맛이 부담스러운 어르신들은 고추장 대신 된장에 다진 버섯, 두부를 넣은 강된장을 곁들이면 영양적인 측면으로도 훌륭한 비빔밥을 제공할 수 있다.

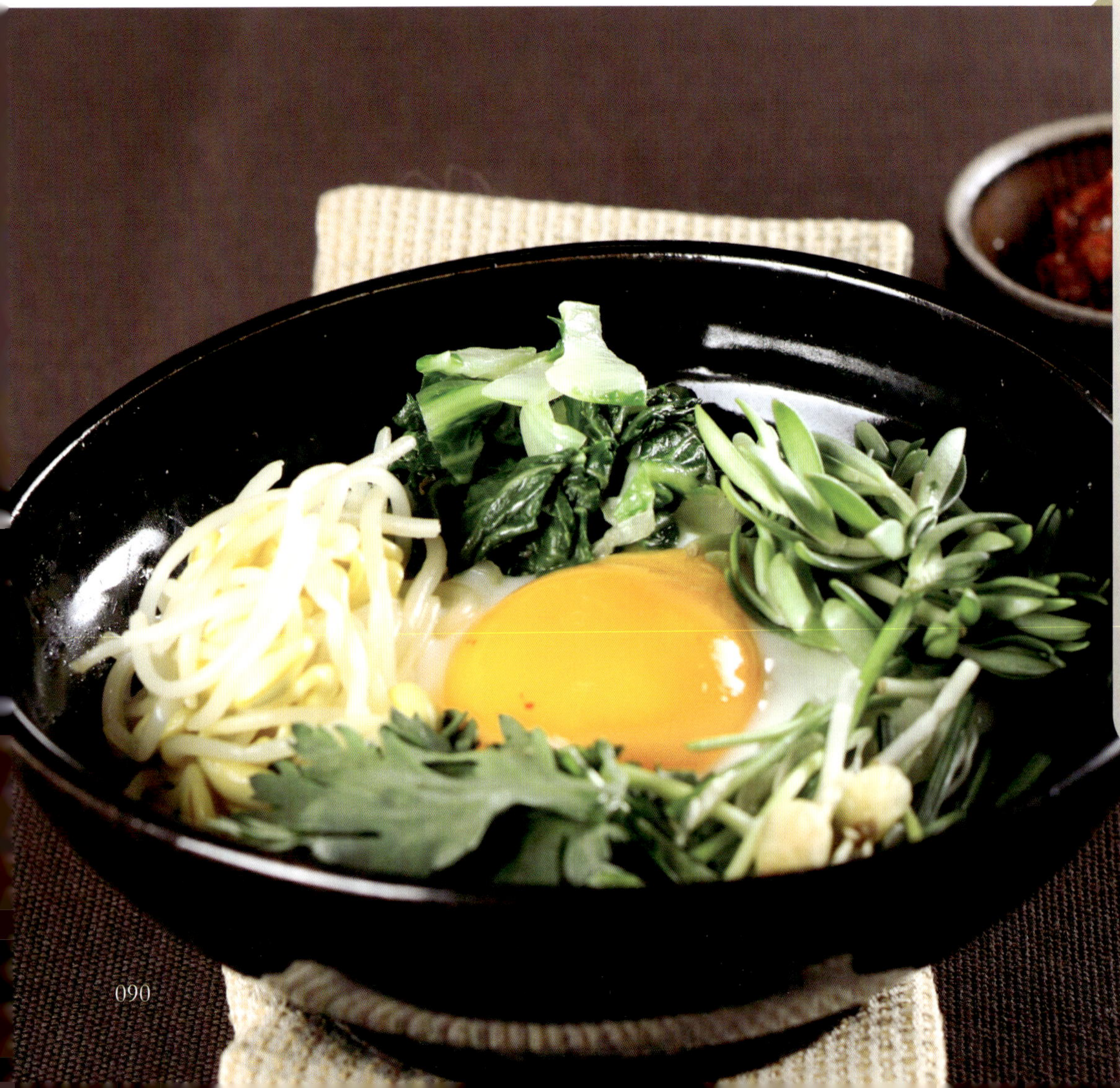

1인분 요리 영양소 함량

총섭취 열량
438kcal

60g	탄수화물
27g	단백질
15g	지방
133mg	칼슘 (Ca)
3mg	철분 (Fe)
2.7g	식이섬유소

1 봄동은 삶아서 물기를 꼭 짠 후 잘게 자르고, 콩나물은 데친다.

2 쑥갓, 돌나물은 손질하고, 달래는 잘게 썬다.

3 다진 쇠고기는 식용유에 볶다가 고추장, 참기름을 넣고 볶아서 약고추장을 만든다.

4 밥 위에 봄동, 콩나물, 쑥갓, 돌나물, 달래를 담고 달걀은 프라이를 해서 약고추장을 곁들인다.

 재료

주재료

돌나물	20g
봄동	30g
콩나물	30g
쑥갓	10g
달래	5g
달걀	1개

약고추장

고추장	20g
다진 쇠고기	20g
식용유	3g
참기름	3g

웰빙 순두부 카레

식욕을 촉진하는 카레를 순두부와 함께 만들어 식욕이 없는 어르신들에게 여러 가지 영양소를 골고루 제공하며,
음식이 부드럽고 연하여 어르신들의 소화흡수에도 좋다.

 **영양정보**

강황 속의 커큐민은 체내에서 산화에 의한 DNA 손상과 지질과산화를 억제하고, 항산화 작용과 자유 라디칼
을 제거하는 역할을 하므로 노화 예방에 도움을 준다.

1인분 요리 영양소 함량

총섭취 열량
210kcal

18.8g	탄수화물
11.9g	단백질
28.3g	지방
Ca 147mg	칼슘
Fe 7.1mg	철분
3.41g	식이섬유소

1 양파, 감자, 당근은 작게 썬다.

 **재료**

쇠고기	⋯⋯⋯⋯⋯⋯⋯⋯	20g
감자	⋯⋯⋯⋯⋯⋯⋯⋯	20g
당근	⋯⋯⋯⋯⋯⋯⋯⋯	20g
양파	⋯⋯⋯⋯⋯⋯⋯⋯	20g
카레가루	⋯⋯⋯⋯⋯⋯	20g
순두부	⋯⋯⋯⋯⋯⋯⋯	80g
물	⋯⋯⋯⋯⋯⋯⋯⋯⋯	1cc

2 1.5×1.5cm로 깍뚝썰기 한 쇠고기를 볶다가 익으면 양파, 당근, 감자를 넣어 양파가 투명해질 때까지 중간 불에서 볶는다.

3 물을 붓고 감자가 익을 때까지 센불에서 끓인 후, 카레물을 넣고 끓인다.

4 끓어오르면 중약불로 줄인 뒤, 순두부를 넣고 다시 끓인다.

파래전

바다향이 가득한 파래로 만든 부침개는 건강에도 좋고 맛도 좋은 음식으로
여러 가지 영양소를 골고루 포함하여 한 끼 식사대용으로도 좋다.

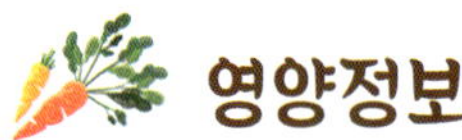

영양정보

파래에는 칼슘, 비타민C, 식이섬유소가 풍부하고 팽이버섯에는 엽산이 많아 어르신들의 골다공증, 변비 및 심혈관 질환 개선 효과에 도움을 준다.

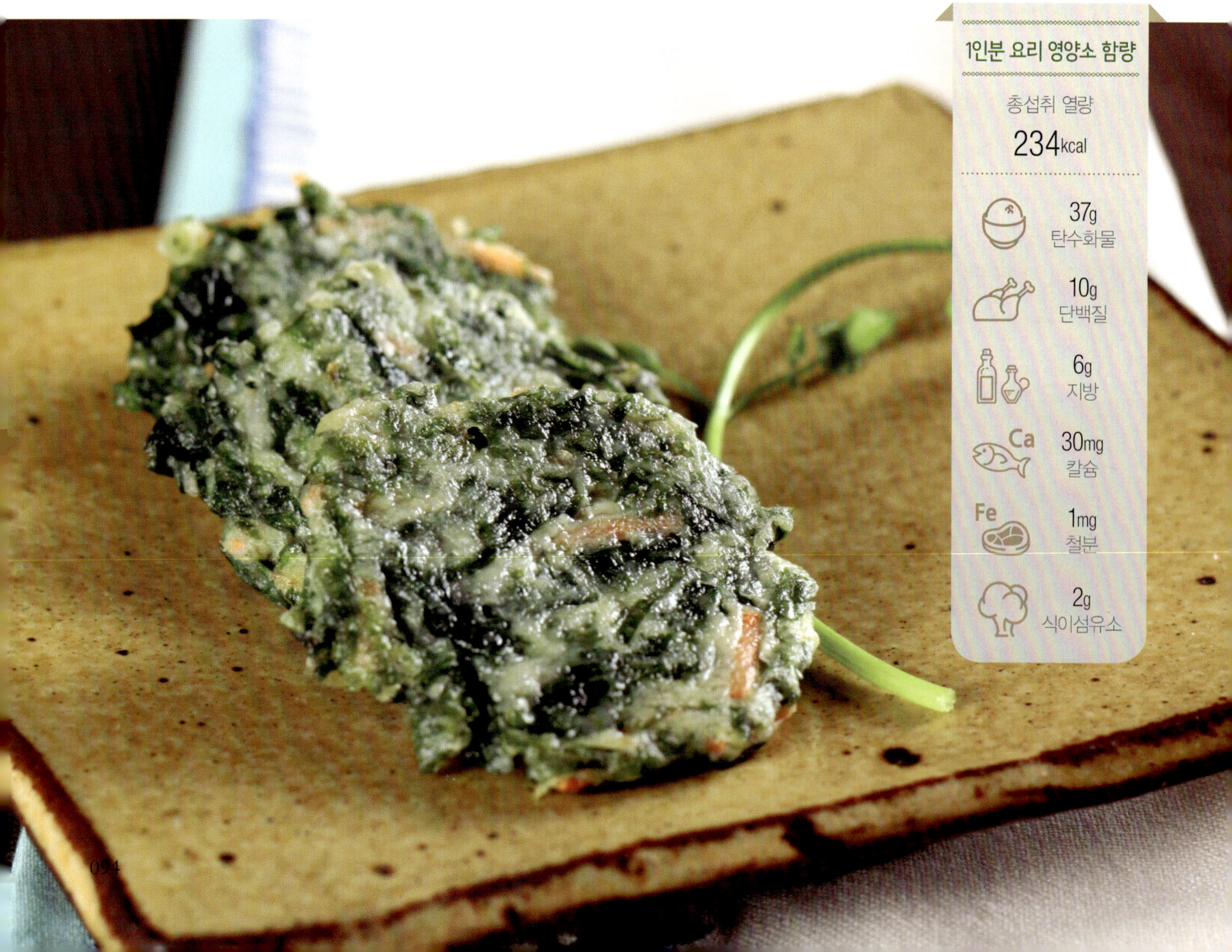

1인분 요리 영양소 함량

총섭취 열량
234kcal

탄수화물	37g
단백질	10g
지방	6g
칼슘 (Ca)	30mg
철분 (Fe)	1mg
식이섬유소	2g

1 파래, 팽이버섯, 당근은 깨끗이 손질하여 잘게 썰고, 청양고추도 송송 썰어 준비한다.

 **재료**

파래	10g
팽이버섯	10g
당근	4g
청양고추	2g
달걀	1/5개
부침 가루	50g
물	60cc
식용유	5g

2 파래에 1을 넣고 섞는다.

3 1에 부침 가루, 달걀, 물을 넣고 반죽한다.

4 팬에 식용유를 두르고 한 숟가락씩 떠서 지진다.

5월 요리
(들깨, 부추)

최근 들어 미세먼지, 오염물질, 바이러스, 음주, 흡연, 스트레스 등과 같은 외부적인 요인때문에 체내에서 활성산소가 생성 된다. 활성산소는 체내 항산화 체계가 신속하게 제거해야 하는데, 이러한 과정이 적절하게 일어나지 않으면 산화스트레스를 유발하여 암, 심혈관계 질환, 퇴행성 질환 등과 같은 만성질환의 원인을 일으키는 것으로 알려져 있다. 최근 연구에 따르면 들깨와 부추 섭취는 체내 활성산소를 제거하는 효과가 있는 것으로 보고되었다.

들깨 (Perilla frutescens Britton)는 통화식물목 꿀풀과에 속하는 일년생 초본식물로 동남아시아 지역을 중심으로 그 종실이나 잎 그리고 종실을 착유하여 얻은 기름 등으로 널리 사용하고 있다. 들깨에는 건강에 이로운 성분과 영양분이 듬뿍 들어 있어 예부터 우리 선조들은 들깨를 들고 다니며 두세 줌씩 집어먹으면 건강이 저절로 좋아진다고 했다. 들깨는 무엇보다도 독특한 향이 최고이며, 추어탕에 듬뿍 넣어먹으면 생선의 비린내를 없앨 줄 수 있을 뿐만 아니라 맛을 더해준다. 특히 들깨 종실의 경우는 한국인의 식생활에서 중요한 위치를 차지하고 있는 식품 중 하나이다. 들깨의 종류로는 흰 들깨, 검은 들깨, 갈색 들깨가 있으며, 이중 국내에서는 갈색 들깨를 가장 많이 재배하고 있다. 들깨의 생리활성으로는 항돌연변이 및 항염 효과와 들기름의 항산화, 체지방과 중성지방 감소, 대장종양 억제 효과가 있다. 또한 들깨박의 경우에는 항산화, 인지 기능 개선, 혈청 콜레스테롤 및 지질 감소에 도움을 준다.

들깨의 표면은 셀룰로오스라는 성분으로 덮여 있다. 셀룰로오스는 먹으면 소화되지 않고 그대로 몸 밖으로 배출된다. 영양학자들이 '들깨는 씨앗 째 먹지 말고 볶아서 빻아 먹을 것'을 권하는 것은 이 이유에서다. 일단 들깨를 빻고 나면 산화가 빨리 진행돼 유해물질인 과산화 지질이 생성되므로 먹기 직전에 필요한 양만 볶아서 빻는 것이 좋다. 들깨 가루는 100g당 지방함량이 40g에 이를 만큼 '지방덩어리'로써, 삼겹살보다 지방 함량이 높은 고지방 식품이다. 그러나 들깨에 함유된 지방은 거의 혈중 콜레스테롤 수치를 낮춰 주는 불포화 지방이므로 혈관건강에 유익하다. 들기름에 풍부한 DHA, EPA, ALA 등 ω-3계 지방은 혈중 콜레스테롤 수치를 낮춰서 동맥경화, 고지혈증, 심장병, 뇌졸중 등 혈관질환 예방을 돕는다. 그래서 들기름이 최근 장수를 돕는 웰빙 식용유로 인기를 모으고 있다. 또한 오메가-3 지방은 학습능력을 높이는데도 효과적이다.

부추는 강장식품의 대표주자로 손꼽히며, 백합과에 속하는 파속(Allium속) 식물이다. 전 세계적으로 500여종이 분포해 있으며 황을 함유하고 있는 화합물로 암 예방 활성, 심혈관계 질환 예방 활성 등 여러 가지 생리적 유용성을 나타내는 것으로 알려져 있다. 파속 식물의 함황 화합물은 원료 식물에 독특한 향미를 부여할 뿐 아니라 다양한 생리적 기능성을 나타내는 주된 물질로써 식품산업에서 활용가치가 높다.

부추 종류 중에서 두부부추는 백합과의 다년생 초본으로 일반 부추에 비해 잎이 두껍고 길며, 매우 강한 향을 지니고 있다. 방향성 식물인 두부부추는 한방과 민간요법에서 비늘줄기와 잎을 이뇨, 해독, 소화, 구충, 진통 등의 약재로 사용해 왔다.

국내에서는 파속 식물의 생리적 유용성에 대한 항산화 활성, 항혈전 활성, 항미생물 활성 및 항염증 효과 등 여러 가지 생리활성이 알려졌다. 부추의 일반 성분으로는 100g당 수분 91.4%, 단백질 2.9%, 지질 0.5%, 당질 3.9%, 칼슘 47mg, 철분 2.1mg, 비타민A 516μg R.A, 카로틴 3,094μg 및 비타민 37mg으로 다른 파속 식물에 비해 비타민A, B_1, C가 풍부한 녹황색 채소이다. 특히 건조 중량당 35%의 식이섬유를 함유하고 있어 현대인에게 부족하기 쉬운 식이섬유를 용이하게 섭취 할 수 있는 급원식품이다.

일반적으로 비타민B_1은 체내 흡수가 잘 되지 않는 단점이 있는데, 부추에 풍부한 알라신 성분은 비타민B_1의 흡수를 돕는다. 특히 알라신은 소화 작용을 도우며 위장을 튼튼하게 해준다. 고기를 섭취할 때 부추와 함께 먹으면 콜레스테롤을 떨어뜨리는 효과가 있어서 더 좋다.

최근 영양학적으로 우수한 부추의 생리활성에 대한 연구가 지속적으로 이루어지고 있다. 그 예로 항산화 효과 및 유해 산소 소거 작용, 항균 효과, 항암 활성 등이 보고되었다. 부추에는 클로로필, β-카로틴, 비타민C 같은 영양성분 뿐만 아니라 함황화합물, 플라보노이드류 등의 피토케미컬류가 다양하게 함유되어 있음이 밝혀졌고 이들 성분들의 항산화 효과 및 유해산소 소거작용에 관여한다. 부추의 알싸한 맛을 내는 '황화알릴' 성분은 간의 독소를 분해하고 나온 노폐물이나 인체에 해로운 활성산소 제거에 도움을 주며 간의 해독 작용에 매우 중요한 역할을 한다. 또한 부추에는 지방 합성을 억제하고 콜레스테롤 배출을 촉진시키는 성분이 함유되어 있어 지방에 축적되는 중성지방의 양을 줄여주므로 지방간을 예방하는 데 도움을 준다. 부추를 주제로 한 대표적인 음식으로는 잔새우, 쇠고기, 닭고기, 두부 등을 사용하는 볶은 요리이며 맛이 잘 어우러져서 맛좋은 음식이 된다.

우렁이 들깨탕

예전부터 논밭에서 쉽게 채취할 수 있는 우렁이는 단백질 급원식품으로
멸치 대신 육수 재료로 많이 사용하고 배추, 들깨가루, 찹쌀가루, 된장을 풀어 부드럽고 구수한 맛을 낸다.

 **영양정보**

우렁이는 단백질, 칼슘, 철분이 풍부하고, 표고버섯에는 레티닌과 비타민D가 많아 항암 효과와 골다공증 예방에 좋은 식재료이다. 양념으로 첨가한 들깨가루는 오메가-3 지방산과 토코페롤이 풍부하여 염증성 질환 예방에 좋다.

1인분 요리 영양소 함량

총섭취 열량
93kcal

9.8g
탄수화물

5.6g
단백질

4.7g
지방

Ca 177mg
칼슘

Fe 2.2mg
철분

2.3g
식이섬유소

1 얼갈이배추는 세척 후 먹기 좋은 크기로 썬다.

2 건표고버섯은 따뜻한 물에 불리고 기둥을 떼어내고 채 썬다.

3 냄비에 물을 붓고 된장, 들깨가루, 찹쌀가루를 넣고 끓여서 육수를 만든다.

4 육수에 얼갈이배추를 넣고 끓으면 중불로 줄이면서 끓이다가 표고버섯, 양파, 부추, 우렁이, 부추, 청고추, 홍고추를 넣는다.

재료

주재료

우렁이	10g
얼갈이배추	30g
건표고버섯	2g
양파	10g
부추	5g
청고추	3g
홍고추	3g

육수

물	200cc
된장	10g
들깨가루	10g
찹쌀가루	10g

TIP

걸쭉한 국물을 원하시면 찹쌀가루를 조금 더 넣어요.

순댓국

구수한 순댓국은 식욕부진으로 섭취열량이 부족한 어르신들의 한 끼 식사대용으로 일품이다.

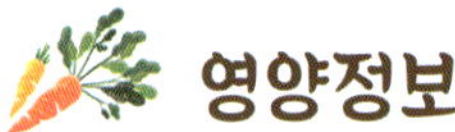

영양정보

순대는 선지와 당면이 주재료로 철분, 단백질 및 탄수화물이 많아 빈혈 예방에 좋지만 콜레스테롤 함량이 높아 고지혈증이 있는 어르신은 적당히 드시길 권장한다. 양념으로 넣은 들깨가루에는 오메가-3, 토코페롤, 식이섬유소, 필수지방산이 풍부해 만성 염증성 질환에도 좋다.

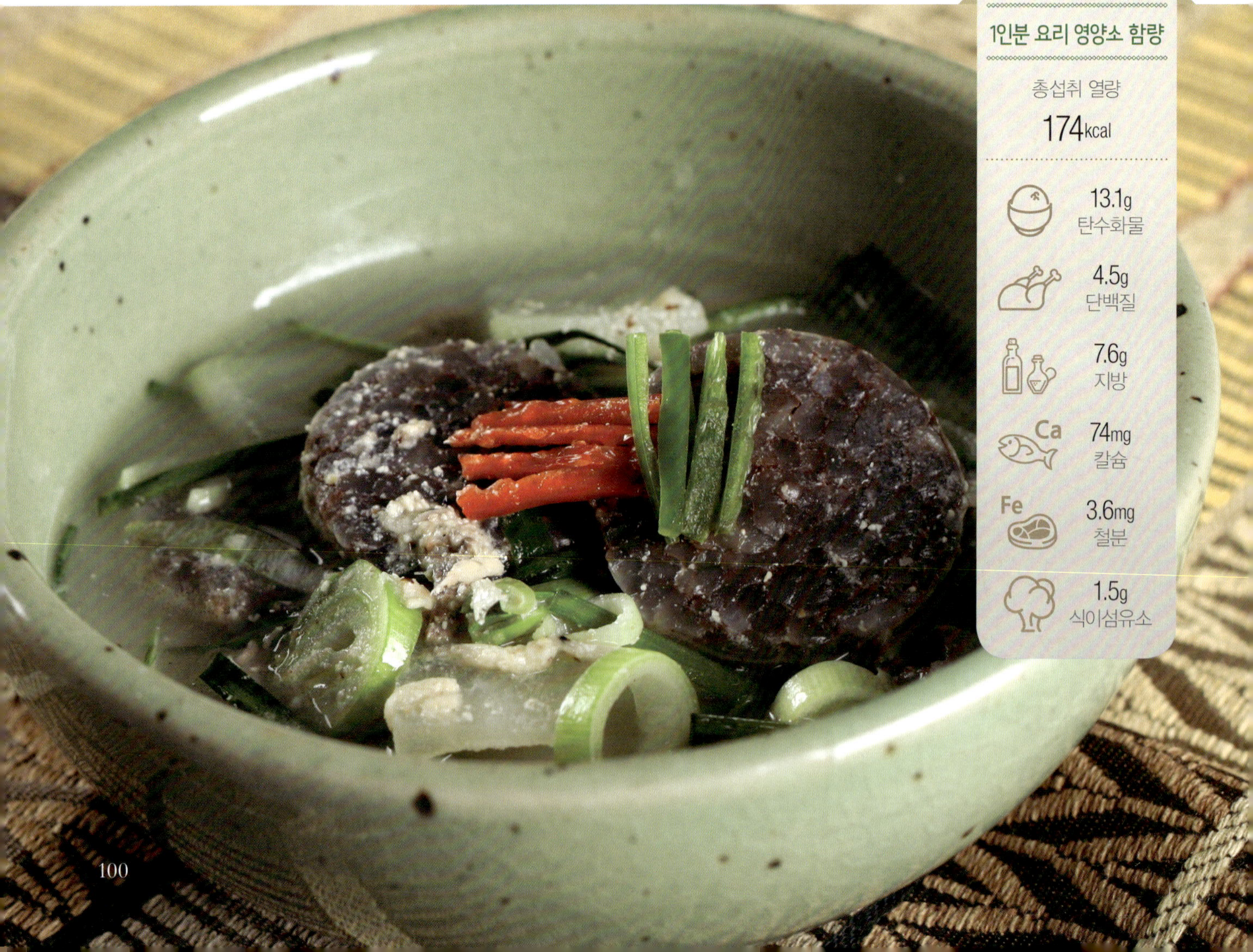

1인분 요리 영양소 함량

총섭취 열량
174kcal

13.1g	탄수화물
4.5g	단백질
7.6g	지방
74mg	칼슘
3.6mg	철분
1.5g	식이섬유소

1 냄비에 물을 붓고 무, 대파, 쇠고기 양지를 넣어 푹 삶아서 육수를 내고, 쇠고기 양지는 잘게 찢는다.

2 순대, 부추는 먹기 좋게 썰고, 청고추, 파는 송송 썬다.

3 냄비에 순대, 쇠고기 양지를 넣고, 1의 육수와 사골 육수를 붓는다.

4 3에 청고추, 홍고추, 부추를 넣어 한소끔 끓인 후, 새우젓으로 간을 한다.

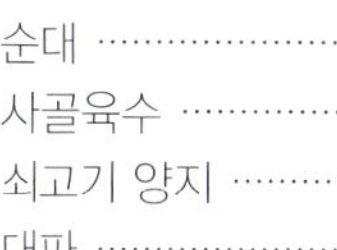 **재료**

순대		50g
사골육수		10g
쇠고기 양지		10g
대파		5g
들깨가루		10g
무		20g
새우젓		3g
부추		10g
물		300cc
홍고추		2g
청고추		2g

부추 메밀전

부추, 당근, 양파를 잘게 썰어 밀가루 대신 메밀가루를 넣어 만든 요리로
부드럽고 구수한 맛의 소화가 잘 되는 음식이다.

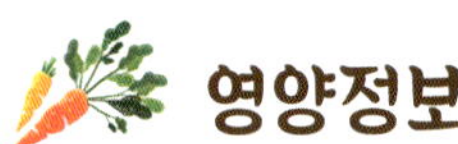

영양정보

메밀가루는 밀가루보다 당질함량이 적고 식이섬유소가 많아 칼로리가 낮고, 필수아미노산, 비타민B 함량이 높다. 또한, 루틴은 혈관 강화 작용을 하여 고혈압, 동맥경화증 예방에 효과적이다.

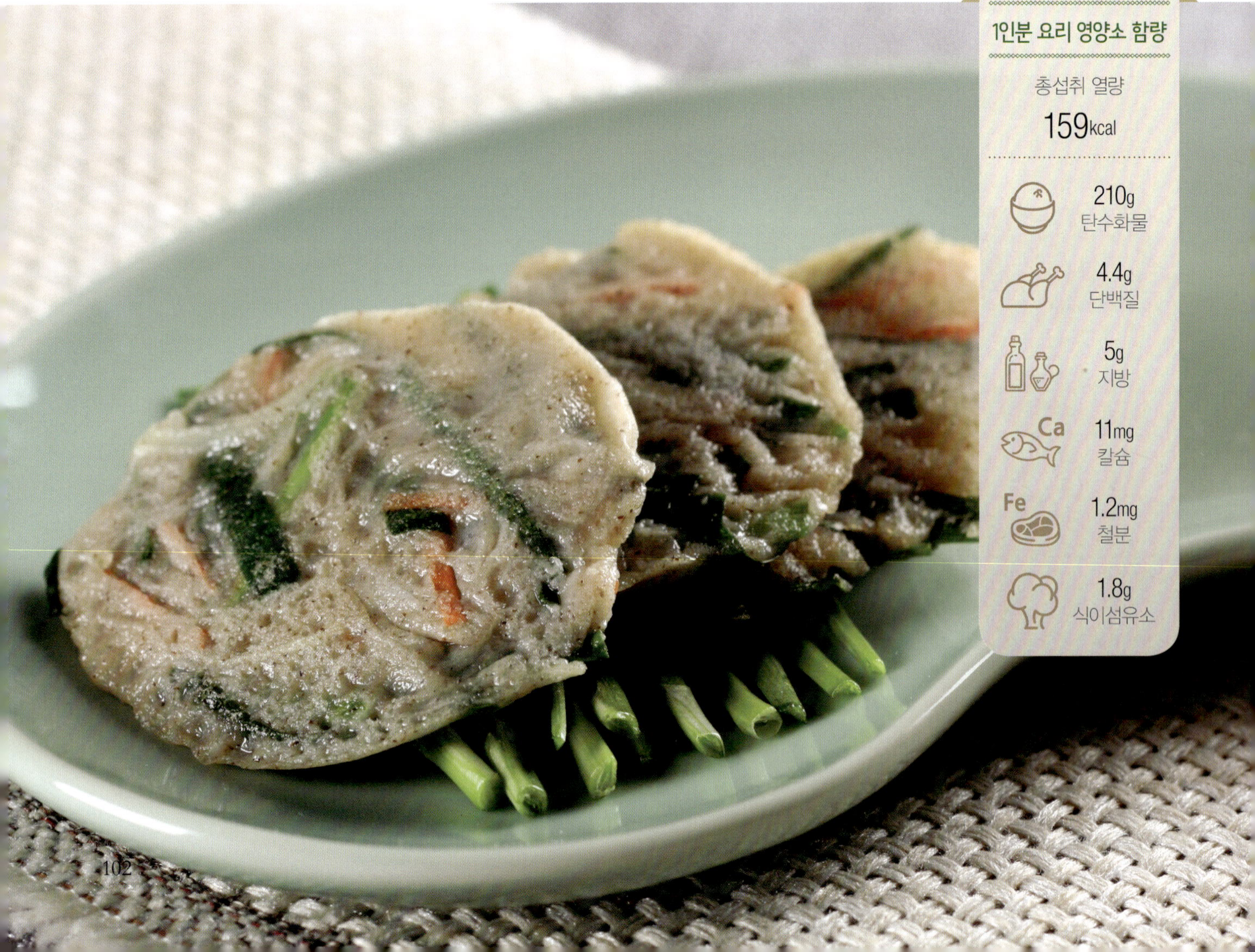

1인분 요리 영양소 함량

총섭취 열량
159kcal

210g	탄수화물
4.4g	단백질
5g	지방
11mg	칼슘 (Ca)
1.2mg	철분 (Fe)
1.8g	식이섬유소

1 메밀가루에 물을 넣고 반죽한다.

재료

메밀가루	30g
부추	10g
당근	5g
양파	10g
식용유	5g
물	60cc

2 당근, 양파는 곱게 채 썰고, 부추는 먹기 좋은 길이로 자른다.

3 메밀반죽에 부추, 당근, 양파를 넣고 섞는다.

4 식용유를 두르고 달궈진 팬에 메밀 반죽을 한 숟가락씩 떠서 부친다.

강된장찌개

된장에 바지락살과 여러 가지 채소, 들깨가루를 넣어 감칠맛과 다양한 영양소를 섭취할 수 있는 양념장으로 충분한 양을 만들어 보관해 놓고 입맛이 없을 때 조금씩 사용하면 간편하다.

영양정보

된장 속 콩단백질은 고혈압, 동맥경화증 등을 예방하는 효과가 있고, 오메가-3가 풍부한 들깨가루는 노화 예방, 항암 효과 등에 효과적으로 어르신들 건강식에 좋은 식재료이다.

5月

1 청고추, 홍고추, 감자, 양파를 잘게 썬다.

2 바지락살을 다진다.

3 냄비에 감자, 양파, 다진 바지락살, 청고추, 홍고추, 다진 마늘, 된장, 고추장을 넣고 볶은 후, 물을 붓고 끓인다.

4 들깨가루를 넣고 마무리 한다.

재료

바지락살	20g
감자	30g
양파	20g
된장	20g
고추장	10g
들깨가루	10g
청고추	3g
홍고추	3g
다진 마늘	5g
물	100cc

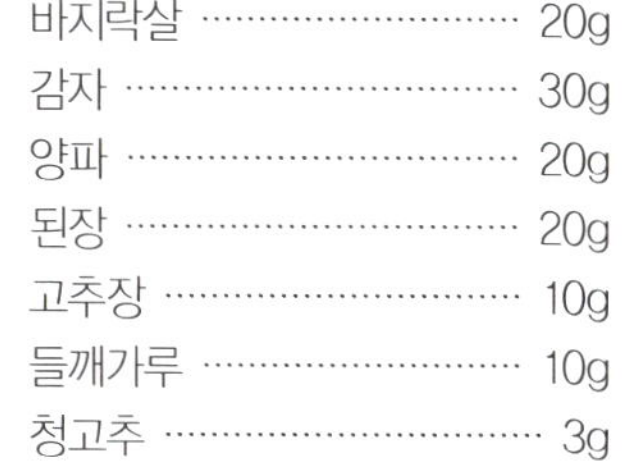

닭살 완자전

다진 닭가슴살과 으깬 두부로 조리한 닭살 완자전은 양질의 단백질을 충분히 제공하고 소화가 용이한 음식이다.

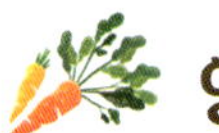

영양정보

닭가슴살은 기름기가 없어 질감이 좋지 않지만, 다진 두부와 섞으면 부드러워진다. 양질의 단백질을 충분히 공급할 수 있고 비교적 소화도 잘 되는 음식이다. 닭가슴살은 다른 육류에 비해 섬유질이 연하여 소화흡수가 잘되어 어르신들의 기력 회복에 도움을 주는 식재료이다. 또한 닭가슴살의 풍부한 단백질은 두뇌활동에 많은 도움을 준다.

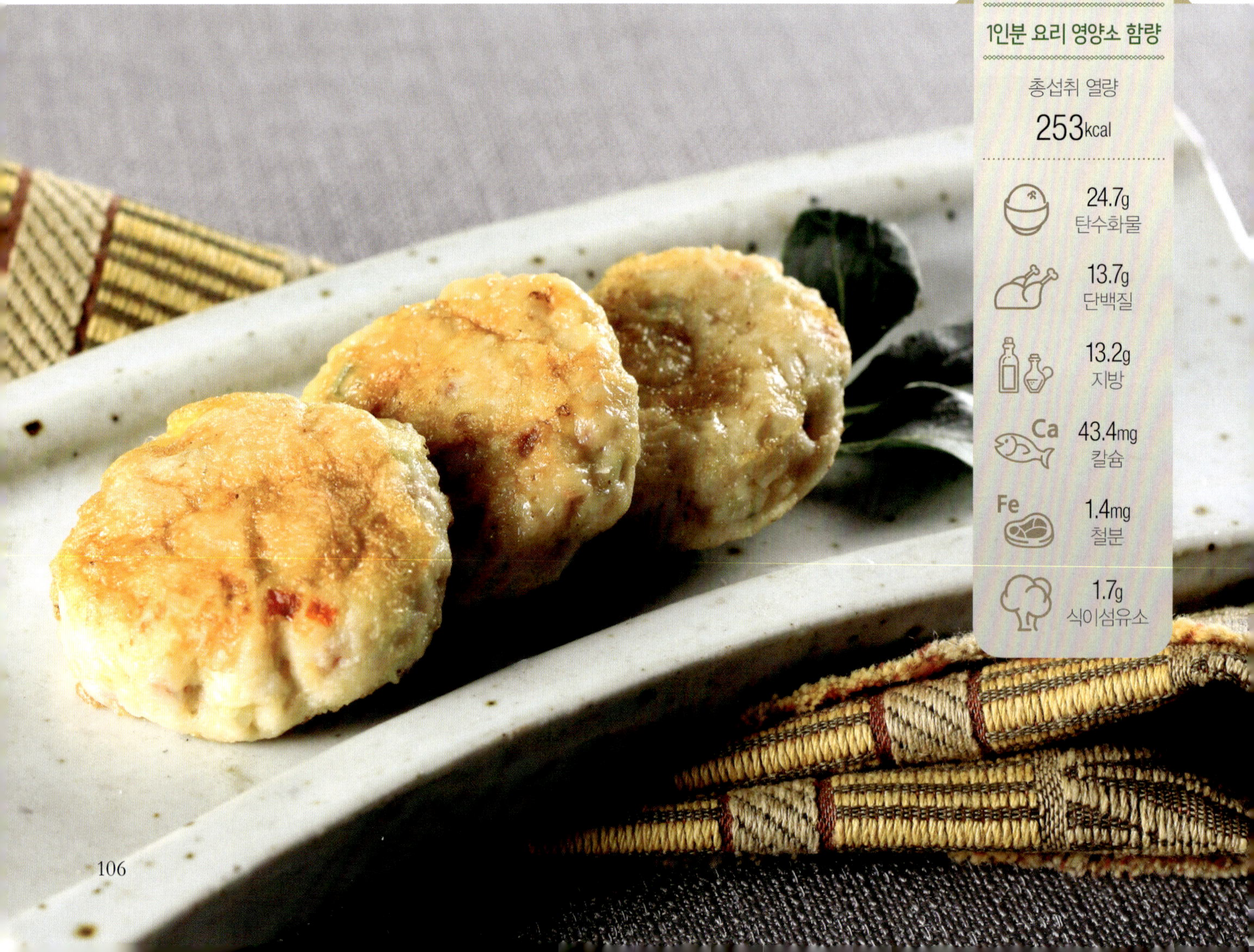

1인분 요리 영양소 함량

총섭취 열량
253kcal

탄수화물	24.7g
단백질	13.7g
지방	13.2g
Ca 칼슘	43.4mg
Fe 철분	1.4mg
식이섬유소	1.7g

1 닭가슴살, 두부는 잘게 다져 반죽한다. 청피망, 홍피망도 잘게 다진다.

2 반죽에 후춧가루, 다진 청피망, 홍피망, 양파, 생강즙을 넣어 반죽한다.

3 완자를 만들어 밀가루를 묻히고, 달걀을 풀어서 입힌다.

4 식용유를 두른 팬에 반죽을 지진다.

재료

닭가슴살	40g
두부	20g
양파	8g
청피망	5g
홍피망	5g
밀가루	20g
달걀	2/5개
생강즙	5g
식용유	10g
후춧가루	약간

TIP

닭가슴살과 두부는 잘 치대서 반죽해야 완자모양이 예쁘게 나와요.

마파 두부덮밥

두부에 굴 소스와 두반장 소스를 넣어 매콤하면서도 부드러운 한 끼 식사로
여러 가지 영양소를 골고루 섭취할 수 있다.

 **영양정보**

두부의 콩 단백질은 양질의 필수아미노산이 풍부하고 콜레스테롤이나 포화지방산이 없어서 성인병 예방에
좋다. 또한, 칼슘이 풍부하여 골다공증 예방에 효과적이다.

1인분 요리 영양소 함량

총섭취 열량
224kcal

	33.6g	탄수화물
	16g	단백질
	29g	지방
Ca	93mg	칼슘
Fe	1.7mg	철분
	2.8g	식이섬유소

1 두부는 깍둑 썰기 하여 끓는 물에 살짝 데치고, 건표고버섯은 불려서 양파와 잘게 썬다.

2 팬에 고추기름을 두르고 다진 마늘을 볶다가 다진 돼지고기를 넣는다. 어느 정도 익으면 두반장과 굴 소스를 넣고 다시 볶는다.

3 잘게 썬 표고버섯과 양파, 물 150cc를 부어 끓인다.

4 3에 두부를 넣고 한소끔 끓으면 물 10cc에 전분을 풀고 농도가 걸쭉하게 되도록 끓인다.

재료

두부	60g
건표고버섯	2g
양파	20g
다진 돼지고기	20g
다진 마늘	5g
굴 소스	5g
두반장	5g
고추기름	3g
전분	5g
물	160cc

TIP

전분 물을 넣을 때, 물이 끓을 때 넣어야 뭉쳐지지 않아요.

연근 흑임자 샐러드

연근채, 새싹, 양상추 등 신선한 채소에 흑임자 소스를 듬뿍 얹어 고소한 맛과 영양이 가득한 샐러드이다.

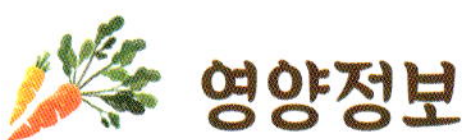

영양정보

흑임자에 검은 빛을 띠는 안토시아닌 색소는 항산작용, 콜레스테롤 감소, 시력개선, 혈액순환 촉진에 좋은 식재료이다. 연근에 함유된 비타민C는 열에 강하고, 뮤신은 위점막을 보호하고, 알코올 분해효소를 활성화하여 숙취해소에 도움을 준다.

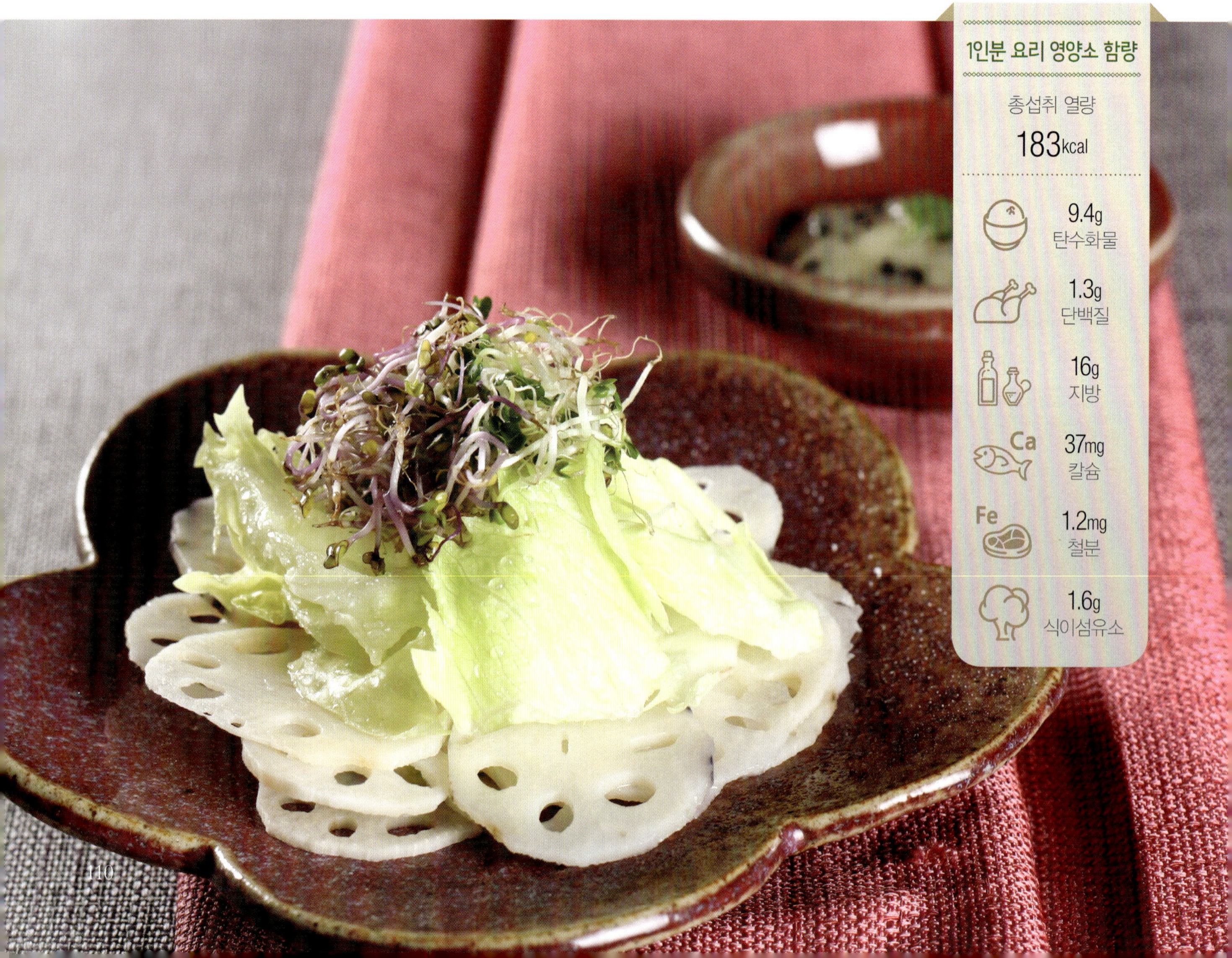

1인분 요리 영양소 함량

총섭취 열량
183kcal

9.4g	탄수화물
1.3g	단백질
16g	지방
37mg	칼슘 (Ca)
1.2mg	철분 (Fe)
1.6g	식이섬유소

1 양상추와 새싹은 깨끗이 씻어서
  건진다.

2 마요네즈, 꿀, 흑임자를 넣고 흑임
  자 드레싱을 만든다.

3 연근은 얇게 썰어서 식초 물에
  데친 후, 찬물에 헹군다.

4 연근 위에 양상추와 새싹을 올리고
  흑임자 드레싱을 뿌린다.

재료

주재료

연근	30g
양상추	10g
새싹	5g
식초	약간

흑임자 드레싱

흑임자	5g
마요네즈	20g
꿀	3g

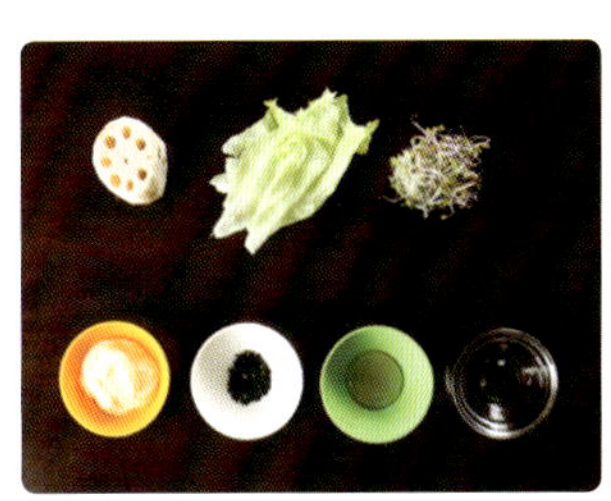

5月

TIP

연근을 식초 물에 데치면 아린맛과 갈변현상을 막을 수 있다.

우엉잡채

잡채에 우엉채를 넣어서 아삭아삭 씹는 맛이 좋고, 식이섬유소를 보충하기에 좋은 음식이다.

영양정보

우엉은 칼륨, 마그네슘, 아연, 식이섬유소가 높은 알칼리성 식품으로 변비와 혈당관리에 도움을 준다.

1인분 요리 영양소 함량

총섭취 열량
154kcal

18.2g
탄수화물

2.7g
단백질

3.3g
지방

Ca 31.7mg
칼슘

Fe 1.1mg
철분

1.6g
식이섬유소

1 당면은 물에 충분히 불려두고, 우엉 채는 식초 물에 담근다.

2 청피망, 홍피망, 파프리카는 채 썰고, 달궈진 팬에 참기름을 두르고 살짝 볶아서 식힌다.

3 우엉채는 먼저 참기름에 볶다가 요리당, 진간장을 넣고 다시 볶다가 당면을 넣고 잠길 정도로 육수를 붓는다.

4 3에 2를 넣어 볶은 후, 검은깨를 뿌린다.

 **재료**

우엉	20g
당면	20g
청피망	5g
홍피망	5g
파프리카	10g
진간장	5g
요리당	5g
육수	100cc
참기름	3g
식초	약간
검은깨	5g

6월 요리
(시금치, 파프리카)

날씨가 더워지면 우리 몸은 체온을 발산하기 위해서 땀을 흘리고 피부혈관을 확장한다. 이러한 반응이 어르신들에게는 늦게 일어나고 한번 일어나면 강하게 나타나서 무더위라는 큰 외부적 스트레스에 견디지 못하고 쉽게 일사병에 걸리게 된다. 따라서 여름철 어르신들의 건강을 지키기 위해서는 충분한 수분 섭취와 균형 잡힌 식사를 하는 것이 중요하다.

① 충분한 수분 섭취

여름철에 어르신들은 땀으로 인해 쉽게 탈수를 일으킨다. 땀을 지나치게 많이 흘려 수분과 염분이 체외로 빠져나가면 피로, 현기증, 구역질과 같은 증상이 나타난다. 소금을 지속적으로 섭취하면 탈수 증상을 더 악화시킬 수 있으므로 삼가고, 탈수 증상이 유발되었을 경우에는 수분 섭취를 위해 스포츠 이온 음료가 도움이 된다. 여름철에는 하루에 8잔 이상의 물을 마시도록 하고 염분과 무기질을 충분히 섭취하도록 한다.

② 균형 잡힌 식사

무기질과 비타민이 골고루 섞여있는 식단을 계획하는 것이 좋다. 여름철에는 영양섭취가 골고루 되면서 노인성 질환을 예방 할 수 있는 고등어나 연어, 콩류 등이 좋다. 또한 충분한 섬유소 섭취를 위해 과일과 채소를 먹는 것이 좋다. 식사를 일정한 시간에 하는 것과 함께 과식을 하지 않는 것이 중요하다. 온도가 올라가면 피부의 모세혈관이 확장되고 이로 인해 상대적으로 장기가 사용하는 혈액량이 감소하므로 소화기능이 떨어지게 된다. 따라서 조금의 과식도 위장관 장애를 쉽게 일으킬 수 있으므로 주의하도록 한다.

시금치는 '채소의 왕'이라 불리며, 다양한 비타민이 골고루 들어 있을 뿐 아니라 보혈 강장 효과가 있는 식품으로 발육기 어린이는 물론 임산부에게도 좋다. 특히 채소 중에서 수산, 사과산, 구연산과 유기산 및 비타민C가 가장 많이 들어 있다. 시금치는 카로티노이드를 많이 함유한 식품 중 하나이며 폐암 예방에 도움을 준다. 위와 장을 활발하게 하는 성분 즉, 위장을 정화하는 약리 작용을 하므로 위장장애, 변비 등에도 효과적이다. 뿌리에는 조혈 성분인 구리, 망간, 단백질 등의 영양소가 풍부하여 생즙을 낼 때 뿌리까지 사용하는 것이 좋다. 이뿐 아니라 시금치는 요산을 분리하여 배설시키므로 류머티즘이나 통풍에 도움을 준다. 또한 식물성 섬유질이 풍부하고 장의 운동을 활발하게 하는 작용이 있어 변비에 효과적이다. 더욱이 시금치에 풍부한 철, 엽산 등은 빈혈의 예방과 치료에 좋다.

한편, 시금치에 들어있는 수산을 오랜 기간 동안 많이 먹으면 신장이나 방광에 결석을 일으킬 수 있으므로 하루에 시금치 500g 이상을 섭취하지 않도록 주의한다. 채취한 시금치는 하루만 지나도 반 이상의 영양분이 감소하므로 가급적 빠른 시간 내에 섭취하는 것이 좋다. 시금치 성분 중 비타민C는 열에 약하기 때문에 살짝 데쳐서 나물로 섭취하는 것이 가장 좋다.

파프리카는 서양식 고추인 피망과 비슷하며 네덜란드어로 피망을 일컫는 말이다. 파프리카는 피망에 비해 단맛이 많고 아삭아삭하게 씹히며 12가지의 다양한 색을 함유하고 있다. 색깔별로 파프리카 특징을 살펴보면, 빨간색 파프리카의 붉은 빛을 띠는 색소인 리코펜은 신체의 노화와 질병을 일으키는 활성산소 생성을 억제하고 암, 관상동맥을 예방하고 성장촉진, 면역력 강화에 효과가 있다. 특히, 베타카로틴이 가장 많이 들어 있어 주스나 녹즙으로 많이 마신다. 노란색 파프리카에 풍부하게 들어있는 비타민은 스트레스 해소에 효과적이다. 특히 파프리카 특유의 냄새 성분인 피라진은 혈액의 응고를 방지해서 고혈압, 심근경색, 뇌경색 예방에 도움을 준다. 주황색 파프리카는 피부노화를 억제하고 미백에 아주 효과적으로 피부의 기미와 주근깨, 얼굴이 검어지는 원인인 멜라닌 색소의 생성을 막아준다. 초록색 파프리카에는 유기질이 풍부하고 다이어트와 비만치료에 효과가 있으며, 철분이 풍부해 빈혈 예방에 효과적이다. 빨간색, 노란색 파프리카는 베타카로틴, 비타민A와 철분, 칼슘, 섬유소 등을 다량으로 함유하고 있어 감기 예방과 성장기 어린이에게 좋은 채소이다. 파프리카를 색깔에 관계없이 꾸준히 섭취하면 암 예방과 골다공증의 예방에도 탁월하다. 베타카로틴 성분은 색깔이 붉을수록 많이 들어있으며 빨강, 주황, 노랑, 초록색 순으로 들어있다. 파프리카에는 레몬의 2배, 토마토의 5배, 사과의 41배 정도의 높은 비타민C를 포함하고 있어 파프리카 반쪽이면 한국인 일일 비타민C 섭취 권장량을 충족할 수 있다. 파프리카는 익히지 않고 생으로 먹을 때 영양을 풍부하게 섭취할 수 있으며, 칼로리가 높지 않아 다이어트에도 좋다. 파프리카는 휘거나 변형되지 않고 약간 통통하면서 반듯한 모양이 좋고, 색상이 선명한게 신선하다. 또한 파프리카의 꼭지부분은 마르지 않고 겉에 흠집 없이 윤기가 나며 골 사이에 변색이 없는 것을 골라야 한다.

시금치 메밀총떡

필수아미노산의 일종인 라이신과 식이섬유소, 비타민 등이 풍부한 메밀가루로 전병을 만들고
시금치나물을 속에 넣어 한입 크기로 만들어 젓가락 사용이 어려운 어르신들이 편하게 먹을 수 있다.

영양정보

메밀가루에는 필수아미노산의 일종인 라이신과 식이섬유소, 비타민 등이 풍부하여 성인병 질환 예방에 도움
을 주고, 특히 루틴이라는 폴리페놀 성분은 혈관 노화를 막아준다.

1 메밀가루, 찹쌀가루, 소금은 물에 섞어 덩어리 없이 잘 푼다.

2 달궈진 팬에 데친 시금치, 채 썬 당근, 식용유, 다진 마늘, 소금을 넣고 볶는다.

3 메밀반죽은 얇게 전을 부치고 볶은 시금치와 당근을 가운데 넣고 돌돌 만다.

4 식힌 후에 4cm 길이로 썬다.

 재료

메밀가루	20g
찹쌀가루	5g
데친 시금치	30g
당근	5g
식용유	10g
다진 마늘	약간
물	30cc
소금	약간

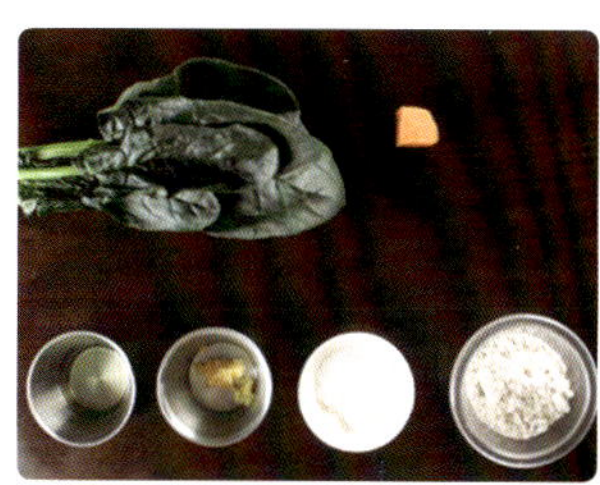

TIP

메밀반죽이 반 정도 익었을 때, 재료를 넣고 말아서 익히면 부서지지 않아요.

곤약 파프리카 무침

면 대신 실곤약과 색깔 채소인 파프리카를 섞어 잡채처럼 요리한 음식으로
열량이 적어 부담 없이 먹을 수 있으며 맛도 훌륭해서 어르신들의 입맛을 돋운다.

 **영양정보**

전분으로 만든 당면 대신 실곤약을 사용하면 혈당조절이 필요한 어르신들께서 면처럼 드실 수 있다. 열량이
거의 없어 체중조절에도 도움을 준다.

1인분 요리 영양소 함량

총섭취 열량

23kcal

3.8g	탄수화물
3.2g	단백질
1.7g	지방
Ca 46.4mg	칼슘
Fe 0.75mg	철분
1.75g	식이섬유소

1 실곤약은 데친 후, 찬물에 담가 체에 밭친다.

2 양파, 파프리카, 청피망은 5cm 길이로 채 썬다.

3 양파, 파프리카, 청피망 순으로 볶는다.

4 볼에 위의 재료를 한 데 섞어 양념장으로 버무린다.

재료

주재료

실곤약	40g
파프리카	20g
청피망	10g
양파	10g

양념장

깨소금	약간
참기름	약간
진간장	약간

TIP

실곤약을 데칠 때, 끓는 물에 식초를 몇 방울 떨어뜨리면 잡내가 나지 않아요.

순살치킨강정

담백한 닭가슴살을 작은 크기로 썰어 매콤하게 조리한 음식으로 매콤한 양념을 하여 식욕을 돋우며
취향에 따라 맵지 않게 간장양념으로 바꿔도 좋다.

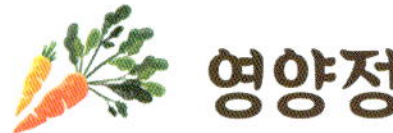

영양정보

닭가슴살은 양질의 단백질이 풍부하며 지방이 적은 식재료로 비만 예방에 좋은 식재료이다. 특히, 쇠고기보다 메티오닌 같은 필수아미노산이 풍부하여 간 기능을 향상시키는 데 도움을 준다.

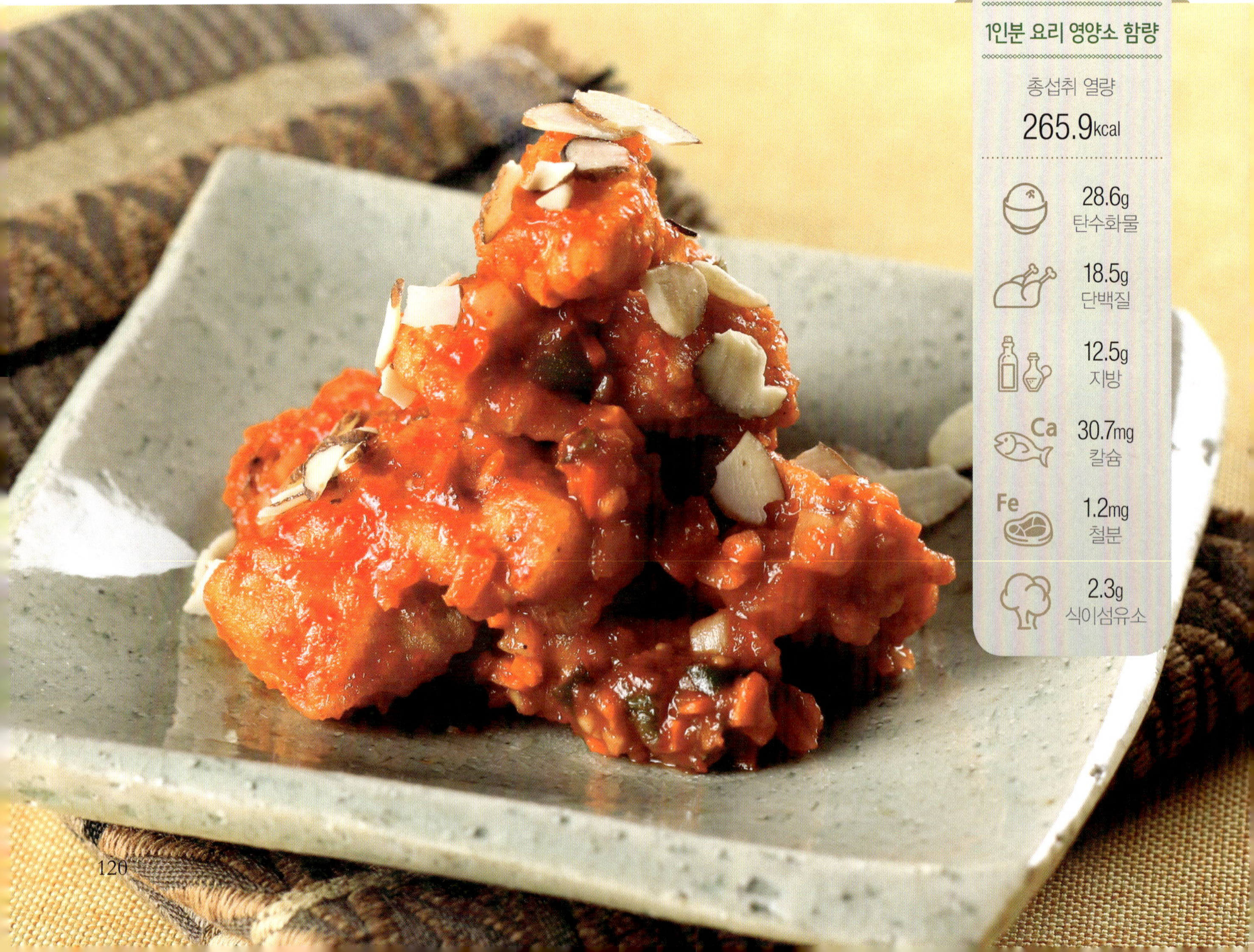

1인분 요리 영양소 함량

총섭취 열량
265.9kcal

28.6g	탄수화물
18.5g	단백질
12.5g	지방
30.7mg	칼슘 (Ca)
1.2mg	철분 (Fe)
2.3g	식이섬유소

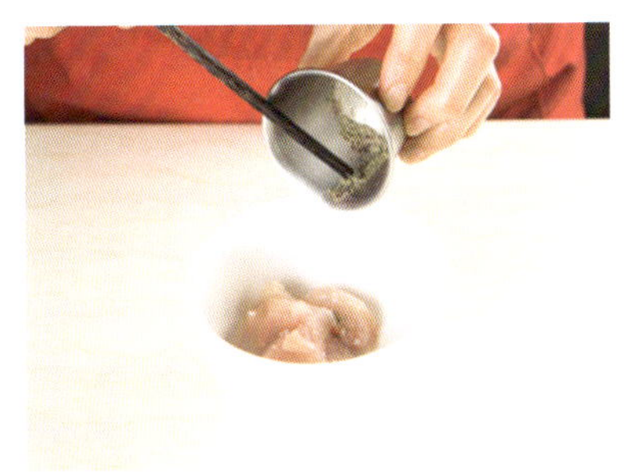

1 닭가슴살은 한입 크기로 썰어 후춧가루, 소금으로 밑간을 한다.

2 튀김가루와 물을 섞어서 반죽을 만들고, 닭가슴살에 입혀 노릇하게 튀긴다.

3 양파, 당근, 청피망, 홍피망은 잘게 다진 후, 양념장에 넣고 끓인다.

4 튀긴 닭을 양념장에 넣어 버무린 후, 아몬드 슬라이스를 뿌린다.

 재료

주재료

닭가슴살	50g
튀김가루	20g
물	50cc
식용유(튀김용)	50g
양파	5g
당근	5g
청피망	5g
홍피망	5g
아몬드 슬라이스	2g
소금	약간
후춧가루	약간

양념장

고추장	5g
고춧가루	1g
물엿	5g
다진 마늘	5g
참기름	약간

돈등심 커틀렛

도톰하고 부드러운 돼지 등심을 달걀 물과 빵가루를 입혀 튀긴 커틀렛에 새콤한 오렌지 소스를 곁들인 음식으로 푸짐한 양과 바삭한 식감과 함께 상큼한 맛과 향을 느낄 수 있는 요리이다.

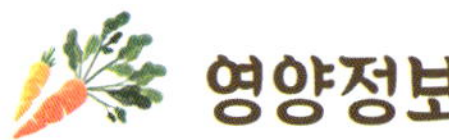

영양정보

돼지고기의 풍부한 철분과 오렌지 소스에 많은 비타민C가 결합하여 철분 흡수율을 높일 수 있으며, 빈혈 예방에 좋은 음식이다.

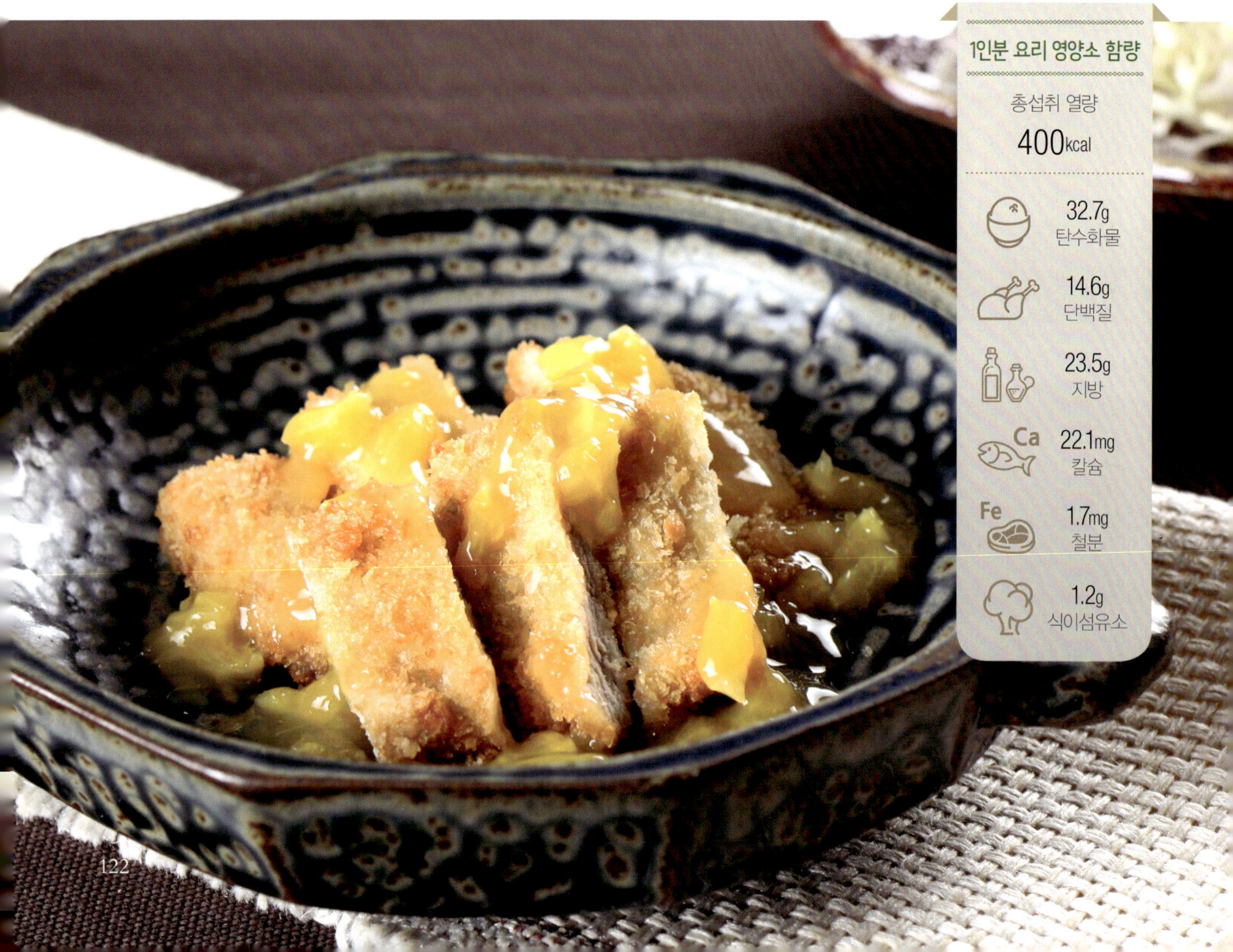

1인분 요리 영양소 함량

총섭취 열량
400kcal

- 32.7g 탄수화물
- 14.6g 단백질
- 23.5g 지방
- Ca 22.1mg 칼슘
- Fe 1.7mg 철분
- 1.2g 식이섬유소

1 돼지등심은 두들긴 후 간을 하고 밀가루, 달걀 물, 빵가루 순서로 입힌다.

2 오렌지는 다져서 황설탕, 식초와 함께 오렌지주스에 넣은 후, 팬에서 끓인다.

3 2가 끓으면 약불로 줄이고 전분에 물을 넣어 농도를 맞춰 오렌지 소스를 만든다.

4 돼지등심을 노릇하게 튀겨 먹기 좋게 자른 후, 오렌지 소스를 곁들인다.

 **재료**

주재료

돼지등심	60g
밀가루	5g
빵가루	15g
달걀	1/5개
식용유	100g

오렌지 소스

오렌지주스(100%)	50g
황설탕	10g
식초	2g
전분	1g
오렌지	20g
물	30cc

시래기나물 비빔밥

식이섬유가 풍부한 시래기, 건표고버섯, 무생채를 넣어 만든 일품요리로 칼로리가 낮은 영양만점인 음식이며
시골 밥 같이 구수하고 투박한 고향의 맛으로 어르신들의 정서를 편안하게 한다.

 **영양정보**

칼슘, 식이섬유소가 풍부한 시래기와 항암성분과 비타민D 함량이 높은 표고버섯이 풍부하게 들어있는 음식
으로 어르신들의 변비나 혈당조절, 암 예방식으로 좋다.

1인분 요리 영양소 함량

총섭취 열량

307kcal

57g	탄수화물
9.2g	단백질
5.5g	지방
Ca 214.4mg	칼슘
Fe 9.4mg	철분
8.4g	식이섬유소

1 삶은 시래기는 진간장, 참기름, 다진 마늘로 조물조물 밑간을 하고, 쌀은 30분 불린다.

2 불린 표고버섯, 쇠고기, 무, 당근은 채 썰고, 쪽파는 송송 썬다.

3 표고버섯과 채 썬 쇠고기를 양념장에 재운다.

4 불린 쌀 위에 표고버섯, 쇠고기, 당근, 시래기, 무를 올리고 밥을 짓는다.

 **재료**

주재료

쌀	60g
삶은 시래기	50g
불린 표고버섯	2g
쇠고기	10g
무	20g
당근	10g
진간장	6g
참기름	1g
다진 마늘	2g

양념장

쪽파	5g
참기름	2g
다진 마늘	1g
진간장	4g
고춧가루	약간
깨소금	약간

TIP

밥을 지을 때 채소의 수분이 배어나오기 때문에 평소보다 밥물의 양을 살짝 줄이는 것이 좋아요.

비빔밥 & 참치 약고추장

반찬 걱정, 상차림 걱정 없이 여러 가지 영양소를 골고루 섭취할 수 있는 일품요리로
참치가 들어간 참치 약고추장은 감칠맛을 더하고 비빔밥과 잘 어울려 어르신들께서 좋아하는 양념장이다.

영양정보

콩나물, 가지, 생취나물을 얹은 비빔밥에 참치를 넣어 볶은 고추장 양념으로 버무린 음식이다. 단백질과 오메가-3 함량을 높여 면역력을 높이고, 감칠맛을 더했다. 그러나, 소화기능이 떨어졌거나 장 수술을 하신 분들은 섭취를 삼가해야 한다.

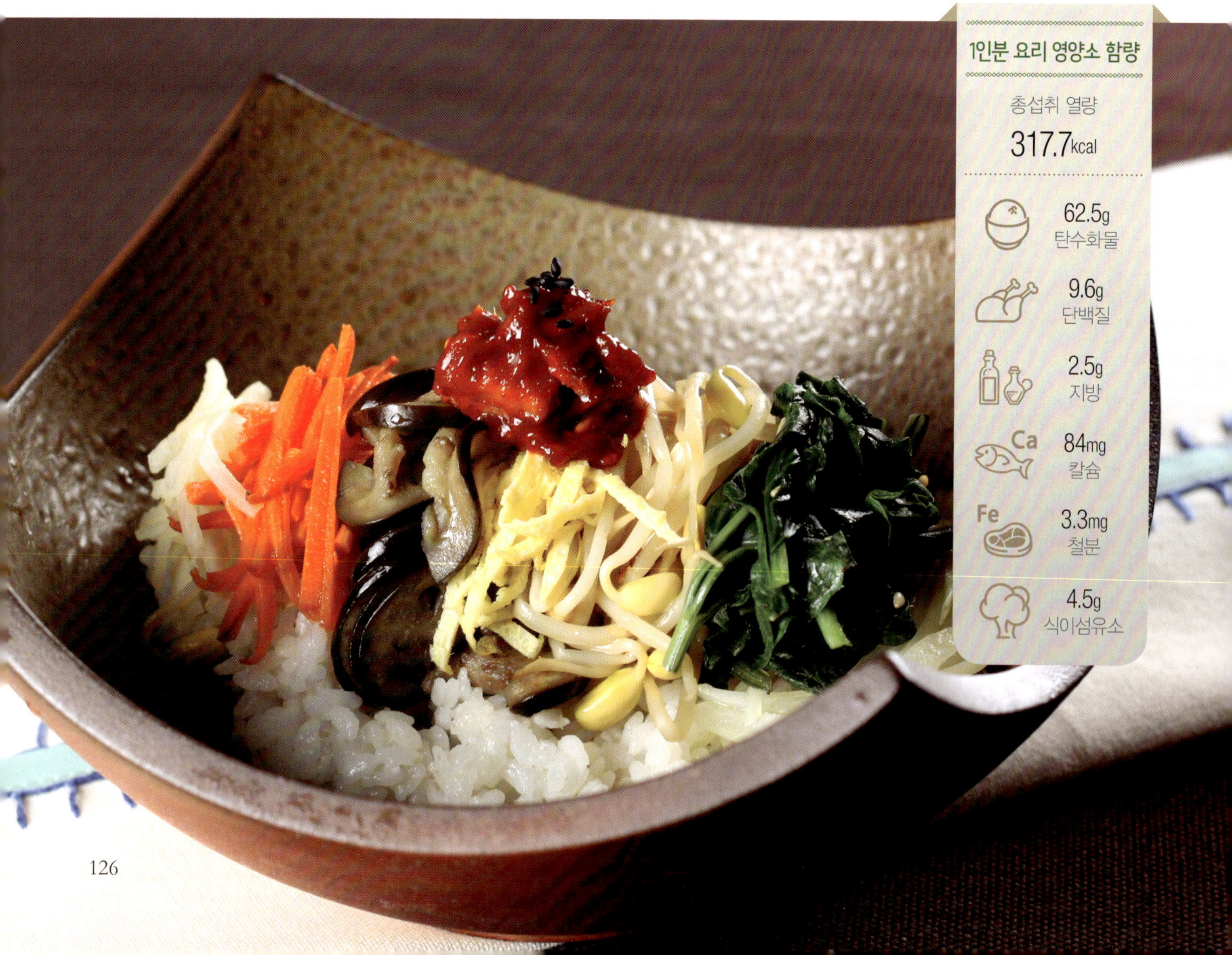

1인분 요리 영양소 함량

총섭취 열량
317.7kcal

62.5g	탄수화물
9.6g	단백질
2.5g	지방
84mg	칼슘 (Ca)
3.3mg	철분 (Fe)
4.5g	식이섬유소

1 콩나물과 생취나물은 데쳐서 양념장에 버무리고, 쌀은 씻어서 밥을 한다.

2 가지는 반달썰기하고, 당근, 양파, 무는 채 썬다.

3 식용유를 두른 달궈진 팬에 가지, 양파, 무, 당근, 지단을 부친다.

4 식용유를 두른 달궈진 팬에 고추장, 기름 뺀 참치를 볶은 뒤, 참치 약고추장을 만든다. 밥 위에 1과 3의 채소를 올린다.

 **재료**

주재료

쌀	60g
콩나물	30g
가지	20g
생취나물	20g
당근	10g
무	15g
양파	20g
달걀	1/5개
고추장	14g
참치캔	10g
식용유	5g

양념장

참기름	2g
다진 마늘	약간
깨소금	약간

TIP

가지와 무는 소금에 살짝 절여 물기를 꾹 짠 후 볶아내면 더욱 아삭한 맛이 납니다.
매워서 먹기 어려우신 분들은 으깨어 넣은 강된장이나 양념간장으로 대신해도 좋아요.

코다리 콩나물찜

지방함량이 낮은 담백한 코다리와 콩나물을 매콤한 양념장으로 버무려 아구찜처럼 만든 음식으로 매콤하고 쫄깃한 식감과 함께 어르신들의 부족한 영양도 보충하고 감칠맛도 즐길 수 있는 요리이다.

 **영양정보**

코다리는 저렴하면서도 소화흡수가 쉬운 양질의 단백질 식재료로, 어르신들께서 부담 없이 드실 수 있는 좋은 식재료이다.

1인분 요리 영양소 함량

총섭취 열량
237.3kcal

28.5g	탄수화물
17.5g	단백질
7.4g	지방
Ca	52.7mg	칼슘
Fe	2.4mg	철분
2.6g	식이섬유소

1 코다리는 먹기 좋은 크기로 썰어 밀가루를 입혀 살짝 팬에 식용유를 두르고 지져 놓는다.

2 양파, 미나리, 당근은 5cm 길이로 채 썰고, 청고추, 홍고추, 대파는 어슷 썬다.

3 볶음 팬에 지진 코다리를 깔고 그 위에 2와 콩나물을 얹고 양념장을 부어 뚜껑을 덮고 찐다.

4 20분 정도 지나면, 전분을 물에 풀어 걸쭉하게 끼얹고 농도를 맞춘 후 청고추, 홍고추를 얹는다.

 재료

주재료

코다리	60g
콩나물	20g
미나리	10g
당근	5g
홍고추	2g
청고추	2g
양파	10g
대파	5g
밀가루	10g
식용유	5g
전분	5g
물	5cc

양념장

고춧가루	10g
간장	5g
올리고당	10g,
다진 마늘	2g
물	50cc

TIP

코다리를 생강즙과 청주에 30분 정도 재워두면 비린 맛을 없앨 수 있어요.

파인애플 닭가슴살 탕수육

담백하고 소화흡수가 잘 되는 닭가슴살에 파인애플 소스를 곁들인 음식으로
단백질 분해 효소가 함유된 파인애플을 사용하여 부드럽고 소화가 잘 되는 닭 탕수육을 즐길 수 있는 요리이다.

 **영양정보**

단백질 분해효소인 파파인이 함유된 파인애플을 소스에 넣어, 닭가슴살의 소화를 도와준다. 닭가슴살은 단백질과 아미노산이 풍부하여 어르신들의 기력 회복에 도움을 준다.

1인분 요리 영양소 함량

총섭취 열량
299.9kcal

25.3g	탄수화물
12.8g	단백질
12.5g	지방
Ca	23.5mg	칼슘
Fe	1.7mg	철분
1.3g	식이섬유소

1 닭가슴살은 한입 크기로 썰어 소금, 후춧가루로 튀김 반죽을 하고, 입혀 튀긴다.

2 파인애플, 당근, 양파, 청피망은 한입 크기로 썰고, 통마늘은 편으로 썬다.

3 달궈진 팬에 올리브유를 두르고 마늘을 볶다가 파인애플, 당근, 양파, 청피망을 넣고 볶는다.

4 소스를 만들어 붓고 끓으면 전분 물을 넣어 튀긴 닭 위에 얹는다.

 재료

주재료

닭가슴살	50g
파인애플 통조림	10g
양파	10g
당근	10g
청피망	5g
통마늘	3g
올리브유	5g
튀김가루	20g
식용유	200g
전분	5g
물	약간
소금	약간
후춧가루	약간

양념소스

식초	3g
간장	3g
설탕	약간
파인애플 통조림 국물	30g

TIP

파인애플 즙을 넉넉히 넣으면 설탕을 적게 넣는 것이 좋아요.

7월 요리
(매실, 녹두)

　여름철에는 중풍이나 혈압계통 질환의 병력을 가진 어르신들은 주의해야 한다. 흐르는 땀으로 인해 체액과 혈액이 농축되기 때문에 혈액의 흐름이 나빠진다. 어르신들의 경우 발한으로 인한 전해질 균형이 쉽게 깨질 수 있는데, 체력이 허약한 어르신들은 무기력해지고 정신이 흐릿해져 기억력이 떨어지고 심하면 의식까지 잃는 경우가 있다. 이러한 전해질의 불균형 상태는 경우에 따라 치명적인 손상을 줄 수 있으므로 사전에 신선한 과일과 채소를 충분히 섭취하고 발한을 막아 예방해야 한다. 또한 과도한 육류 섭취는 열을 많이 생산하고 수분 손실도 커지므로 피하는 것이 좋다. 따라서, 여름철에는 신선한 채소나 과일을 많이 섭취해 비타민과 무기질, 수분을 보충해야 한다.

　또한, 찌는 듯 한 날씨로 입맛이 떨어지고 찬 음식을 계속 먹으면 위장이 긴장하여 신진대사 기능이 떨어지고 소화력도 떨어진다. 한편, 체력이 부족하여 단 음식을 즐겨 먹으면 순간적으로 혈당이 상승하여 기분을 좋게 하고 에너지를 높이는 것처럼 느낄 수 있으나 부작용을 일으킬 수 있다. 신진대사가 떨어지고 원기가 부족한 어르신들의 신진대사를 순조롭게 하는 매실과 녹두는 여름철 건강에 유익하므로 이 식품들에 대해 알아보고자 한다.

매실 은 대표적인 알칼리 식품으로 무기질, 비타민, 유기산 등 몸에 좋은 영양성분을 골고루 함유하여 체질 개선 및 성인병을 예방하는 식품으로 각광받고 있다. 또한 여름철 갈증 해소뿐만 아니라 살균과 항균작용을 도와 식중독을 예방하기에 여름철에 꼭 필요한 식품이다. 매실에 풍부하게 들어있는 유기산은 위장의 작용을 활발하게 하고 식욕을 돋우는 작용을 하며, 유기산 중 시트르산은 당질의 대사를 촉진하고 피로를 풀어주는 효과가 있다.

　매실은 우리나라 5월 말에서 6월 중순에 녹색으로 익으며 수확시기와 가공법에 따라 청매, 금매, 황매, 백매, 오매 등으로 나뉜다. 청매는 껍질이 연한 녹색이고 과육이 단단하며 신맛이 강하고, 황매는 노란색 빛깔을 가지는 것이 특징이다. 금매는 청매를 쪄서 말린 것을 말하며, 백매는 청매를 소금물에 절여 햇볕에 말린 것이며, 청매의 껍질을 벗겨 연기에 그을려 검게 만든 것을 오매라고 한다.

매실은 열매 중 과육이 약 80%인데 그 중에서 약 85%가 수분이며 당질이 약 10%이다. 예로부터 매실은 '음식물의 독, 피 속의 독, 물의 독, 즉 3독을 없앤다.' 는 말이 있다. 매실에는 피크린산 (picric acid)이라는 성분이 미량으로 들어있는 데 이것이 독성물질을 분해하는 역할을 한다. 따라서 식중독, 배탈 등 음식으로 인한 질병을 예방하는 데 효과적이다. 매실에 풍부한 칼슘은 스트레스로 인한 칼슘의 소모를 막아주며, 구연산과 사과산은 칼슘 흡수를 돕는 역할을 하기 때문에 신진대사를 활발히 하고 피로를 회복하는 효과를 가진다. 매실에 들어있는 칼슘은 칼슘이 부족하여 발생하는 빈혈이나, 생리불순, 골다공증 등과 같은 증세가 나타나는 여성에게 안성맞춤이라 할 수 있다. 매실을 먹으면 이러한 증상을 완화시킬 수 있으며, 장의 연동운동을 도와 변비를 해소시킨다. 매실 속 비타민은 피부미용 효과까지 얻을 수 있다.

일반적으로 매실은, 설탕을 첨가하여 매실 발효액을 담그거나, 잼, 주스, 술을 만들거나 말려서 먹는다. 그 밖에 간장, 식초, 청과, 차로 만들거나 장아찌를 담그기도 한다.

녹두는 예로부터 '100가지의 독을 풀어준다.' 고 할 정도로 뛰어난 해독작용을 가지고 있는 식품이며 일명 안두, 길두라고 한다. 녹두를 주재료로 한 음식은 맛이 팥과 비슷하나 향미가 높아서 좋은 품질의 음식으로 즐겨 먹는다. 녹두는 잔칫날이면 빼놓지 않는 빈대떡, 떡고물을 만드는 데 사용하며, 발아시켜 채소로 기르면 숙주나물이 된다. 또한, 녹두의 전분으로 만든 묵을 청포라고 하며 청포에 채소, 육류를 섞어 식초나 기름에 무친 것을 탕평채라 한다. 닭이나 오리, 녹두를 함께 넣어 끓인 닭백숙이나 오리백숙은 여름철 보양식이면서 궁합이 좋은 음식이다. 찹쌀 대신 녹두를 넣어 함께 먹으면 체력 보강뿐 아니라 신진대사와 노폐물 배출에 도움을 주기 때문에 입맛을 잃거나 원기가 부족한 어르신들이 드시기에 아주 적합하다.

녹두의 주성분은 전분이며 단백질 함량이 25~26%에 이를 정도로 단백질이 풍부한 식품이다. 곡물의 전분을 녹말이라고 하는데 이는 전분 중에서 대표적인 것이 녹두라는 사실에서 비롯되었다. 녹두에 풍부히 들어있는 류신, 라이신, 발린 등과 같은 아미노산은 어린이 성장 발육에 좋다. 특히, 녹두 껍질에 비텍신(vitexin)과 이소비텍신(isovitexin) 성분이 다량 함유되어 있어 각종 성인병을 유발시키는 몸 안의 유해한 활성산소를 제거해주는 항산화 작용에 효과적이다. 이런 성분들은 쌓여 있는 독소와 노폐물을 제거하는 해독작용을 도와 피부질환에 도움을 주고 여드름과 잡티, 기미에도 좋으므로 녹두 가루를 물에 타서 세안을 하면 피부미용에도 좋다.

삼치 매실청 조림

담백한 맛의 삼치를 매실청에 조려 비린 맛을 줄이고, 삼치의 부드러운 속살과 달짝지근한 맛이 어르신들의 입맛에 꼭 맞는 좋은 음식이다.

영양정보

등푸른 생선인 삼치는 오메가-3 지방산이 풍부하여 염증성 질환 예방에 좋다. 매실청에 풍부한 피크린산은 체내 해독과 배설 작용을 도와서 여름철에 일어나기 쉬운 배탈 예방에 도움을 준다.

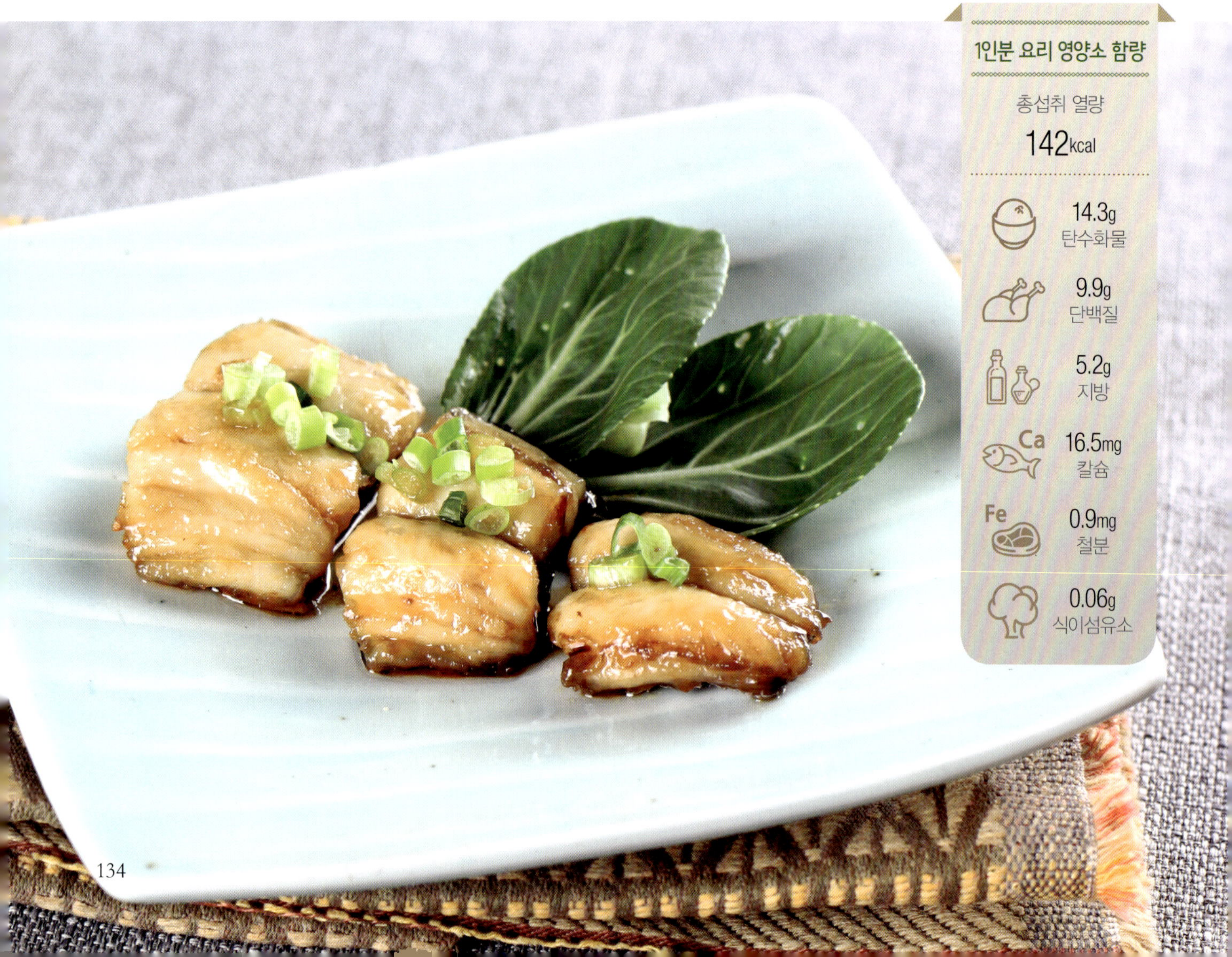

1 삼치는 한입 크기로 잘라서 전분을 입힌 후, 식용유에 지진다.

2 달궈진 팬에 진간장, 올리고당, 매실청을 넣고 조린다.

3 2에 식용유에 지진 삼치를 넣고 조린다.

4 접시에 담고 쪽파를 송송 썰어서 통깨를 뿌린다.

재료

삼치		50g
매실청		10g
올리고당		10g
진간장		10g
식용유		5g
쪽파		3g
통깨		5g
전분		30g

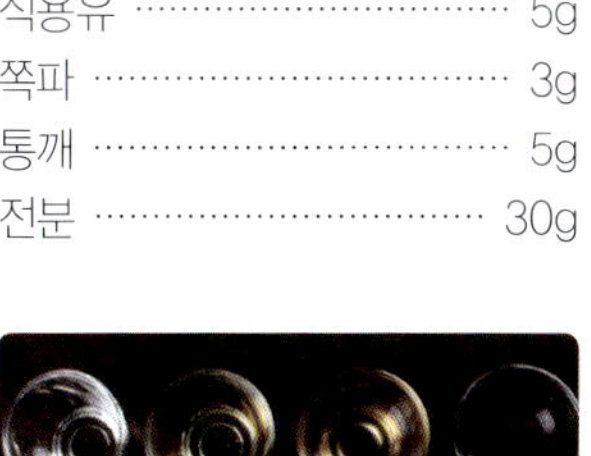

녹두 닭백숙

닭다리에 찹쌀, 녹두를 넣어 만든 부드러운 백숙으로 소화 흡수가 용이한 여름철 보양식이며
무더위에 지치고 약해지기 쉬운 어르신들에게 양질의 단백질과 열량을 충분히 공급해 줄 수 있는 좋은 음식이다.

 **영양정보**

녹두에는 다른 곡류에 비해 전분과 단백질이 풍부하고, 영양가가 높은 식품으로 해독작용이 있다. 비타민과
무기질이 풍부한 녹두와 원기회복에 좋은 닭백숙은 어르신들의 여름보양식으로 적합하다.

<table>
<tr><td colspan="2">1인분 요리 영양소 함량</td></tr>
<tr><td colspan="2">총섭취 열량
334kcal</td></tr>
<tr><td>32.2g</td><td>탄수화물</td></tr>
<tr><td>6.3g</td><td>단백질</td></tr>
<tr><td>6.3g</td><td>지방</td></tr>
<tr><td>Ca 40.5mg</td><td>칼슘</td></tr>
<tr><td>Fe 3.2mg</td><td>철분</td></tr>
<tr><td>2.6g</td><td>식이섬유소</td></tr>
</table>

1 솥에 닭다리, 건대추, 통마늘, 대파, 양파, 황기를 넣고 잠길 정도로 물을 붓고 끓인다.

 **재료**

닭다리	150g
불린찹쌀	20g
피녹두	20g
건대추	2g
통마늘	3g
대파	3g
황기	2g
양파	10g
물	600cc

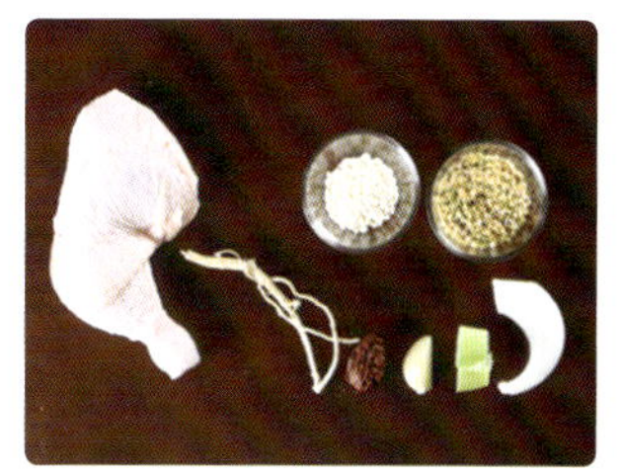

2 닭다리가 충분히 익으면 건지고, 삶은 물은 체에 걸러 닭 육수를 만든다.

3 불린 찹쌀, 피녹두를 닭 육수에 넣고 삶는다.

4 3에 삶은 닭다리를 넣고 한소끔 끓인다.

 **TIP**

닭을 손질하여 찬물에 청주를 붓고 30분 정도 재우면 누린 맛을 제거 할 수 있어요.

양상추 두부샐러드

마요네즈 대신 요구르트와 두부로 만든 드레싱을 채소에 얹은 샐러드이다.

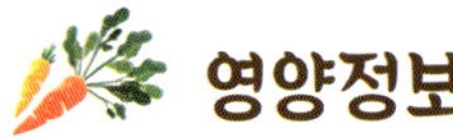

영양정보

여러 가지 색깔의 채소는 비타민C뿐만 아니라 피토케미칼을 풍부하게 함유하여 항산화 및 항암 효과가 있다. 두부는 양질의 식물성 단백질이 풍부하며, 리놀레산을 함유하고 있어 동맥경화 예방에 좋다. 또한 올리고당 함량이 많아 장 운동을 활성화하고 소화흡수를 돕는다.

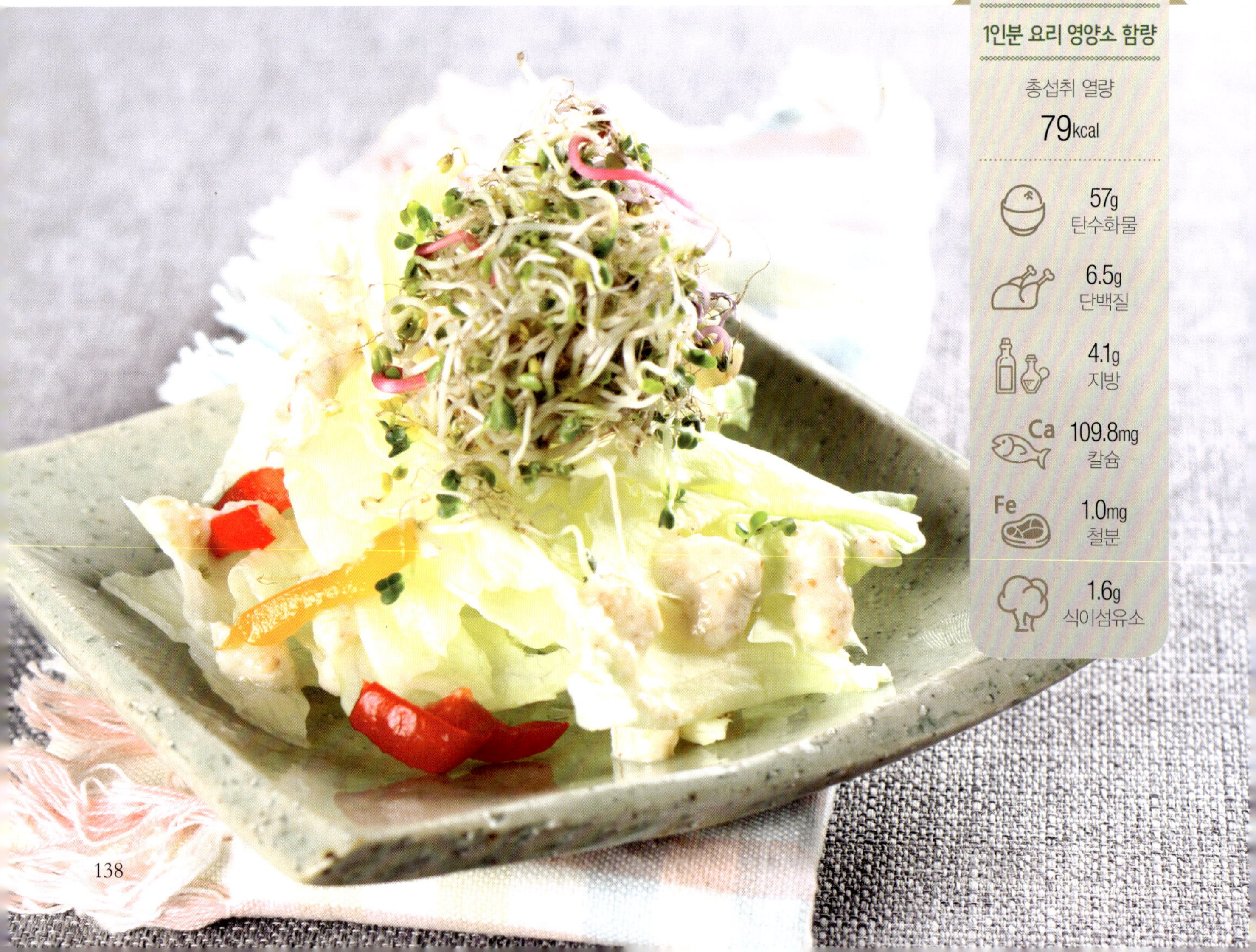

1인분 요리 영양소 함량

총섭취 열량
79kcal

탄수화물	57g
단백질	6.5g
지방	4.1g
Ca 칼슘	109.8mg
Fe 철분	1.0mg
식이섬유소	1.6g

1 양상추와 새싹은 깨끗이 씻어 한입 크기로 자르고, 파프리카는 채 썬다.

2 양파는 곱게 다진다.

3 다진 양파에 나머지 재료를 넣고 샐러드 드레싱을 만든다.

4 채소 위에 3의 샐러드 드레싱을 붓는다.

재료

주재료

양상추	20g
새싹	5g
파프리카	5g

샐러드 드레싱

양파	5g
두부	20g
통깨	5g
올리브유	1g
식초	3g
플레인 요구르트	10g
소금	약간

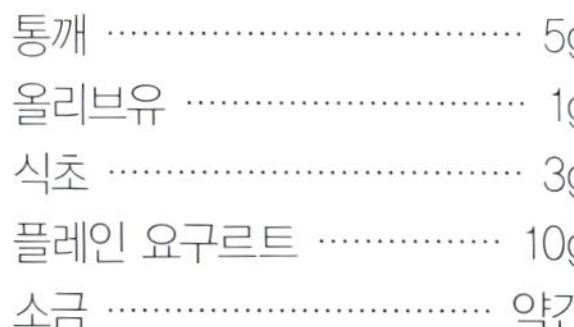

TIP

생식두부 대신 연두부, 요구르트 대신 두유를 사용해도 좋아요.

오징어 부추카레전

부추의 상큼한 맛과 오징어의 쫄깃한 맛이 카레와 어우러져 영양가가 높은 음식으로,
향긋한 향이 무더위로 입맛이 없는 어르신들의 식욕을 돋우는 간식으로 적합하다.

 **영양정보**

카레의 커큐민은 담즙분비를 촉진시키고, 위장을 튼튼하게 하는 효과가 있어 기름기가 많은 부침 요리 시, 부재료로 사용하면 소화에 도움을 준다.

1인분 요리 영양소 함량

총섭취 열량
148.6kcal

17.8g	탄수화물
8.8g	단백질
5.9g	지방
Ca 36.4mg	칼슘
Fe 1.6mg	철분
1.2g	식이섬유소

1 오징어는 5cm 길이로 잘게 썬다. 부추도 5cm 길이로 썰고 당근, 양파도 같은 길이로 채 썬다.

 **재료**

오징어	20g
부추	10g
당근	5g
양파	10g
카레가루	2g
부침가루	20g
식용유	5g
물	40cc

2 카레가루와 부침가루를 섞은 후 물을 부어 반죽한다.

3 반죽에 오징어와 채소를 섞는다.

4 식용유를 두른 팬에 반죽을 얇게 덜어서 부친다.

감자 부추전

쫀득하고 바삭한 감자 부추전은 감자의 맛과 부추향이 어우러져 여름 입맛을 사로잡는 음식이다.

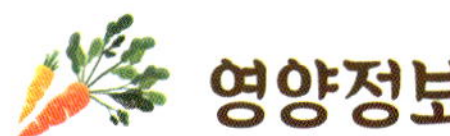

영양정보

감자는 탄수화물뿐만 아니라 비타민이 풍부한 식재료이다. 또한 감자의 칼륨은 체내 나트륨의 배출을 도와 고혈압 어르신들의 혈압 조절에 도움을 준다. 부추는 베타카로틴이 풍부하여 항산화 작용에 도움을 주고, 엽록소와 철분이 풍부하여 빈혈 예방에 좋다.

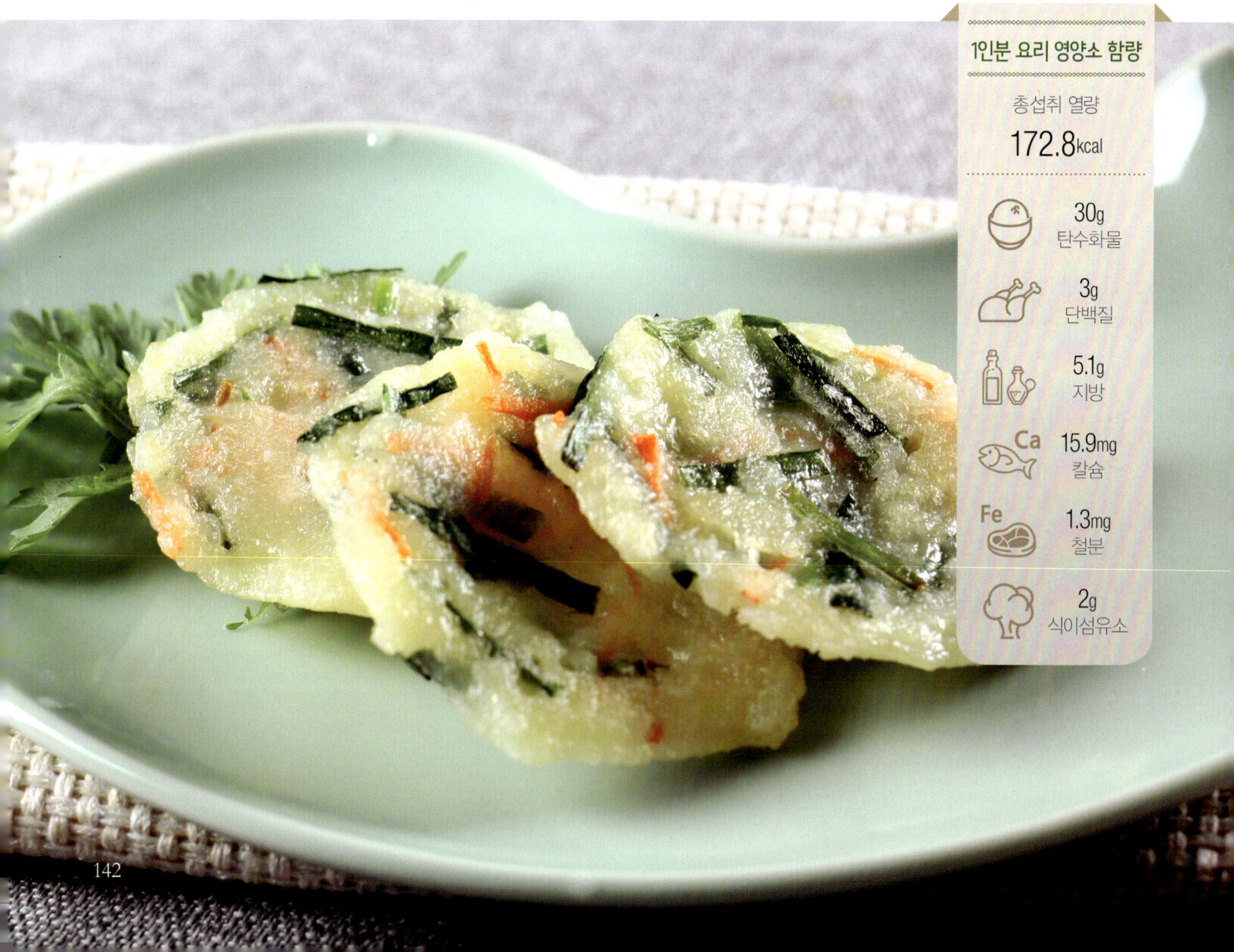

1인분 요리 영양소 함량

총섭취 열량
172.8kcal

탄수화물	30g
단백질	3g
지방	5.1g
칼슘 (Ca)	15.9mg
철분 (Fe)	1.3mg
식이섬유소	2g

1 감자는 손질해서 양파와 함께 강판에 간다.

2 1에 부침가루를 섞는다. 부추, 당근은 3cm 길이로 채 썬다.

3 반죽에 부추, 당근을 섞는다.

4 달궈진 팬에 식용유를 두르고 노릇하게 지진다.

TIP

감자는 고구마보다 GI(당화지수)가 높아 당뇨환자는 특히 주의하는 게 좋아요.

감자를 강판에 갈아 30분간 두면 감자전분이 가라앉는 데, 이때 감자 물을 버리고 감자 전분을 사용해도 좋아요.

골뱅이 소면 무침

밥 대신 소면, 여러 가지 채소, 골뱅이 등을 섞어 영양소를 골고루 섭취할 수 있으며
새콤하고 매콤한 맛이 여름철 식욕을 돋우는 별미이다.

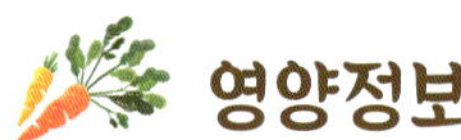

영양정보

골뱅이는 칼슘과 철분 함량이 높아 무기질 섭취에 도움을 주고, 지방 함량이 적어 담백한 맛과 함께 열량섭취를 줄일 수 있는 식재료이다.

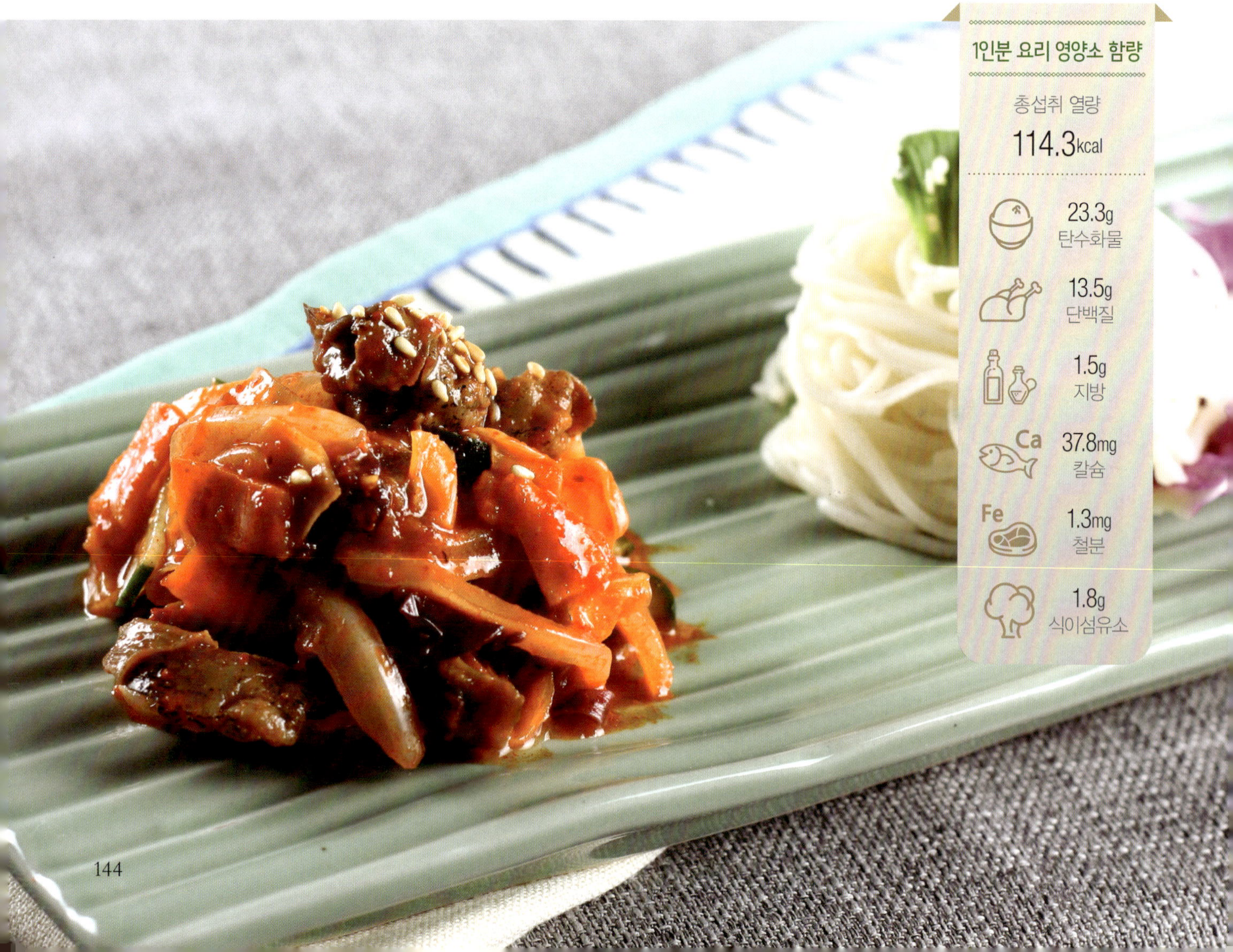

1인분 요리 영양소 함량

총섭취 열량
114.3kcal

23.3g	탄수화물
13.5g	단백질
1.5g	지방
37.8mg	칼슘 (Ca)
1.3mg	철분 (Fe)
1.8g	식이섬유소

1 소면은 삶아서 찬물에 헹군 후 건진다.

2 골뱅이는 먹기 좋게 크기로 썬다.

3 오이, 당근, 양배추, 양파, 적채는 골뱅이 크기로 썬다.

4 손질한 채소와 골뱅이에 양념장을 넣고 버무려 접시에 담고, 삶은 소면을 곁들인다.

 재료

주재료

오이	20g
골뱅이	20g
소면	15g
당근	5g
양배추	10g
적채	약간
양파	5g

양념장

설탕	약간
통깨	약간
고추장	15g
고춧가루	약간
다진 마늘	2g
식초	0.5g

깐쇼새우

무더위로 입맛을 잃은 어르신들에게 매운 고추장 대신 케첩을 사용해 새콤달콤한 맛을 주는 별미로 물 전분으로 부드러움을 더했으며, 따뜻함을 오래 유지 할수록 더욱 맛있는 요리이다.

🥕 영양정보

새우에는 항산화 성분인 셀레늄이 많아 노화지연에 도움을 주고, 칼슘 함량이 높아 골다공증 예방에 도움을 준다. 새우 껍질에 들어있는 키토산은 체내 콜레스테롤 배설에 효과가 좋다.

1 대하는 물총 주머니와 내장을 제거
한다.

2 양파, 청피망, 홍피망은 잘게
다진다.

3 대하에 튀김가루를 묻힌 후, 식용
유에 튀긴다.

4 양파, 청피망, 홍피망을 넣고 볶다
가 소스 재료를 넣어 끓으면 전분
을 푼 물을 넣는다. 걸쭉해지면 튀
긴 대하를 넣고 버무린다.

재료

주재료

대하	40g
양파	10g
청피망	5g
홍피망	5g
튀김가루	20g
식용유	약간
전분	2g
물	30cc

소스

케첩	10g
진간장	2g
올리고당	8g
식초	약간

TIP

튀김 요리를 소화하기 어려운 어르신들에겐 찜으로 조리해서 드려도 좋아요.

동파육

돼지고기의 기름기를 제거하고 살코기 부분만 삶아 간장양념에 조린 음식으로
돼지고기의 살코기와 지방이 어우러져 부드럽고 담백하여 밥 반찬으로도 적합하다.

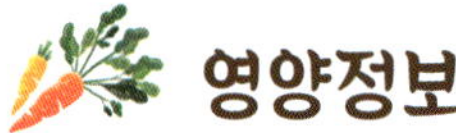

영양정보

돼지고기는 양질의 단백질 함량이 많고 티아민, 니코틴산, 리보플라빈 등과 같은 비타민B군이 풍부하다. 그러나 부위에 따라 지방의 함량 차이가 크다. 특히, 육질과 영양 면에서 차이가 많으므로 요리에 따라 용도에 맞는 적당한 돼지고기 부위를 사용하는 것이 바람직하다.

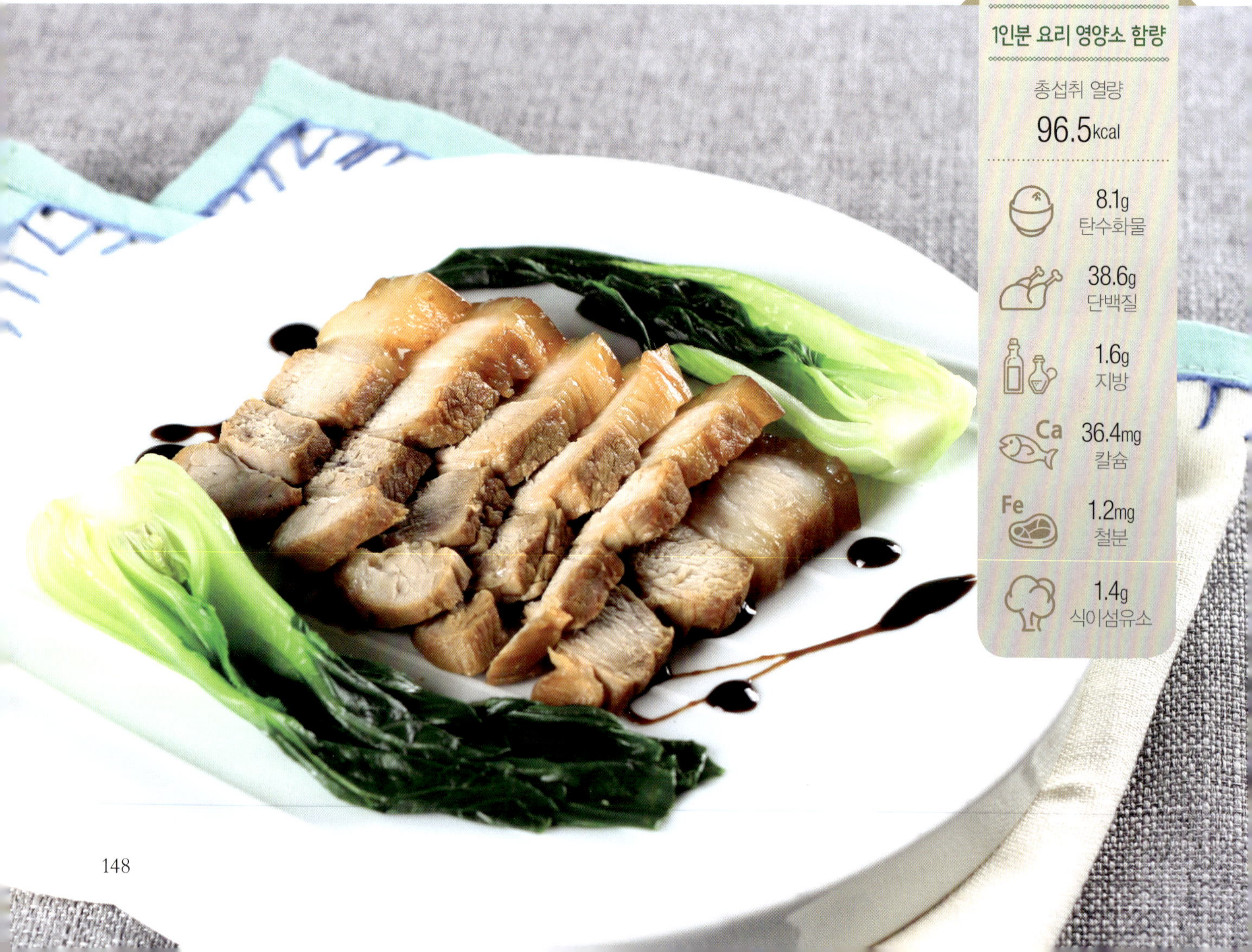

1인분 요리 영양소 함량

총섭취 열량
96.5kcal

- 8.1g 탄수화물
- 38.6g 단백질
- 1.6g 지방
- Ca 36.4mg 칼슘
- Fe 1.2mg 철분
- 1.4g 식이섬유소

1 돼지고기 목심은 양파, 대파, 통마늘, 생강, 월계수잎을 넣고 푹 삶는다.

2 양념장을 섞어서 삶은 수육에 넣고 조린다.

3 청경채는 끓는 물에 소금을 넣고 데쳐서 식힌 후, 반으로 나눈다.

4 조린 수육은 한입 크기로 썬다.

재료

주재료

돼지고기 목심	50g
청경채	30g
양파	10g
대파	2g
통마늘	3g
생강	약간
월계수잎	1장

양념장

간장	10g
설탕	2g
매실청	4g
소금	약간
후춧가루	약간
물	17cc
전분	약간

TIP

누린내가 나지 않도록 삶을 때는 월계수잎, 생강, 마늘, 대파 등을 사용해요.
수육은 고기를 끓는 물에 넣고 삶아야 육즙이 풍부하고 맛도 좋아요.

8월 요리
(버섯)

　더위가 계속되는 8월에는 기후 변화에 대한 적응력이 상대적으로 떨어져 어르신들에게 여러 가지 질환이 일어날 가능성이 커진다. 따라서 어르신들의 건강한 생활을 위해 여름철에는 특별한 건강관리가 필요하다.

　① 외출을 삼가하고 실내에서 활동하며, 실내 온도는 25℃ 이하로 내려가지 않도록 한다.

　여름철에 어르신들은 체온조절 능력이 약해지므로 바깥에서 지속적으로 활동할 경우, 일사병에 많이 걸릴 수 있다. 자외선 노출이 제일 심한 오전 10시에서 오후 3시 사이에는 외출을 피하고, 외출 시에는 자외선 차단제를 사용하는 것으로 자외선에 의한 질병을 예방할 수 있다. 더위를 피해서 실내에서 활동하는 것도 좋지만, 에어컨 등 냉방기기로 인한 냉방병이 걸리지 않도록 주의해야 한다. 어르신들은 과도한 냉방으로 인한 냉방병에 걸리기 쉬우며, 감기 증상과 두통, 신경통, 요통, 위장장애 등이 일어난다. 따라서 실내온도를 25℃ 이하로 내려가지 않도록 주의하고 가능한 실내외 기온차가 5℃를 넘지 않도록 한다. 냉방을 계속할 경우에는 1시간 정도의 간격으로 실내외 공기가 순환이 잘 되도록 환기해서 호흡기 질환에 걸리지 않도록 주의한다.

　② 음식은 충분히 익혀 먹는다.

　어르신들은 소화기능과 면역력 저하로 포도상구균 식중독같은 식중독에 감염 될 위험성이 크다. 특히 기온이 높은 환경에 음식물이 장기간 노출될 경우 쉽게 상하여 식중독을 일으키기 쉽다. 식중독을 예방하기 위해서는 반드시 물을 끓여서 마시도록 하고 음식물도 익혀서 섭취하도록 한다. 음식물에 있는 세균은 높은 증식력 상태가 지속되므로 먹다 남은 음식은 잘 포장해서 냉장하거나 다시 먹을 때 충분히 익혀서 먹도록 한다. 또한 냉장고라도 장기간 보관한 음식은 먹지 않도록 한다.

③ 가벼운 운동을 하면서 규칙적인 생활을 한다.

더운 여름, 어르신들 건강관리의 가장 중요한 점은 가벼운 운동을 하면서 규칙적인 생활을 하는 것이다. 여름이라고 해서 전혀 운동을 안하는 것보다는 해가 질 무렵의 가벼운 산책 정도로 여름철의 건강관리를 유지할 수 있다. 또한 열대야가 지속되면서 수면 시간이 늦어지고 이에 따라 생활이 불규칙해져 체내 생체 리듬이 깨질 수 있다. 따라서 항상 규칙적으로 식사하고 적당히 운동하고 일정한 시간에 일정한 시간동안 수면을 취하는 것이 중요하다.

버섯은 서양에선 '산속의 쇠고기', 동양에서는 요리의 '감초'라고 불릴 정도로 식재료로써 인기가 높다. 최근에는 콜레스테롤을 낮춰 주고 비만, 변비를 막아주며 암을 예방하는 웰빙 식품으로 인기가 매우 높다. 버섯은 식이섬유소가 풍부하여 포만감을 금세 느낄 수 있어 다이어트에도 좋고, '만병의 근원'이라는 변비 예방, 치료에도 탁월하다. 대부분 버섯은 수분이 90% 이상이며 열량은 100g당 30kcal 안팎으로 녹색 채소와 별 차이가 나지 않는다. 특히 다당류이자 수용성 식이섬유소인 베타글루칸은 대식세포 활성화에 도움을 주며, 암세포를 직접 죽이지는 못하지만 암 환자의 면역력을 높여 암세포의 활동을 억제한다. 물론 콜레스테롤을 낮추는 것도 두 말 할 나위가 없다. 생표고버섯 100g을 일주일간 먹으면 혈중 콜레스테롤 수치가 10% 줄어든다는 연구결과가 보고되었다.

우리나라에서 대중적으로 즐겨 먹는 버섯으로는 표고버섯과 양송이버섯이 대표적이다. 표고버섯과 양송이버섯은 세계 3대 재배 버섯으로 손꼽힌다. 동양요리에서 표고버섯은 '약방의 감초' 격인 식재료로, 칼슘 흡수를 돕는 비타민D가 풍부하다. 성장기의 어린이와 임산부가 부족한 비타민D를 섭취하는 데 많은 도움을 준다. 표고버섯에 풍부하게 들어있는 렌티난(lentinan)은 암 예방을 돕고 신체 면역력을 높이며 항바이러스 효과를 가진다. 또한 에리타데닌이란 성분은 혈관 건강에도 유익하다. 또한 표고버섯은 씹는 맛이 일품이며 살짝 익혀서 버섯만 섭취해도 좋다. 콜레스테롤이 많은 돼지고기 섭취 시 표고버섯과 함께 먹게 먹으면 콜레스테롤 흡수를 막는 효과가 있다.

양송이버섯은 크림수프, 볶음요리엔 거의 빠짐없이 들어가며, 피자, 샐러드, 그라탱 등에도 넣으며 어떤 음식 재료와도 맛이 잘 어울리는 식재료이다. 우리나라에서는 주로 고기를 구울 때 곁들여 먹으며, 양송이버섯의 갓 속에 고이는 국물엔 각종 영양 성분이 고스란히 들어 있다. 양송이버섯은 인공배양으로 대량 생산하므로 다른 버섯에 비해 값이 싸다는 장점도 있다. 영양으로는 특히 단백질과 혈압을 조절하는 칼륨이 풍부하다.

양송이 토마토 구이

토마토를 기름에 볶아 지용성 비타민인 베타카로틴의 흡수율을 높이며,
양송이버섯은 비타민C와 식이섬유소가 풍부하여 성인병 예방에 효과적이다.

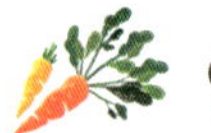

영양정보

양송이버섯은 단백질 함량이 가장 높은 버섯으로, 평소 단백질 소모량이 많은 어르신들에게 좋은 식재료이다. 특히, 양송이버섯, 방울토마토, 파프리카와 어우러진 요리는 어르신들의 면역력 강화와 노화 예방에 도움을 준다.

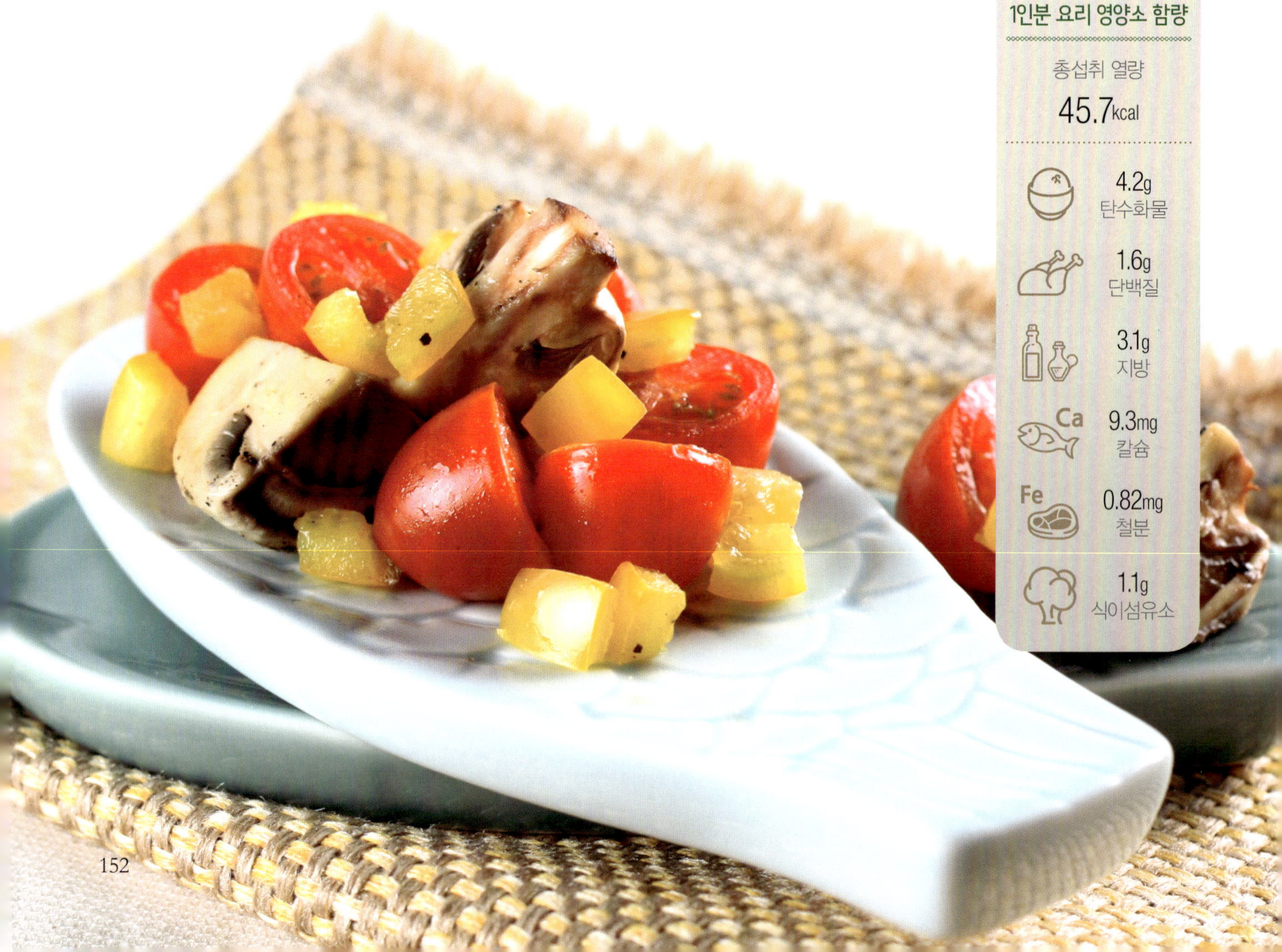

1인분 요리 영양소 함량

총섭취 열량
45.7kcal

4.2g 탄수화물
1.6g 단백질
3.1g 지방
9.3mg 칼슘
0.82mg 철분
1.1g 식이섬유소

1 양송이버섯을 깨끗이 씻어 4등분 하고, 방울토마토는 씻어서 2등분 한다.

재료

방울토마토	·······················	30g
양송이버섯	·······················	20g
파프리카	·······················	10g
포도씨유	·······················	3g
소금	·······················	약간
후춧가루	·······················	약간

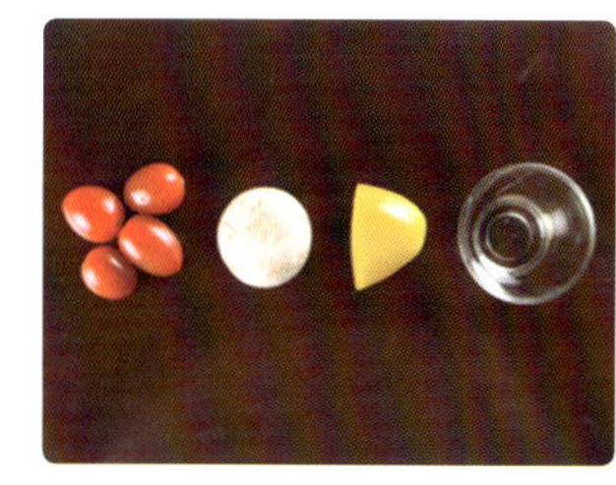

2 파프리카는 1×1cm 크기로 썬다.

3 포도씨유를 두른 팬에 양송이버섯을 넣고 중불에서 소금, 후춧가루로 간을 하면서 볶는다.

4 양송이버섯에 파프리카, 방울토마토 순으로 넣고 한번 더 볶는다.

달걀 새송이 조림

달걀과 새송이버섯을 간장양념에 조린 음식으로 고기 장조림 대신 사용할 수 있고, 더운 여름철 밑반찬으로 좋으며
영양이 풍부한 달걀과 육질이 쫄깃한 새송이버섯이 어우러져 건강한 맛을 제공한다.

 **영양정보**

새송이버섯은 칼로리가 낮고 섬유소와 수분이 많아서 포만감을 주므로 다이어트 식품으로 사용된다. 새송이
버섯에 들어있는 식이섬유소는 달걀에 들어있는 콜레스테롤 수치를 낮춰 함께 먹으면 좋다.

1인분 요리 영양소 함량

총섭취 열량

91.4kcal

6.2g
탄수화물

7.4g
단백질

4.2g
지방

Ca 27.2mg
칼슘

Fe 1.0mg
철분

0.4g
식이섬유소

1 미니 새송이버섯을 한입 크기로 썬다.

 **재료**

미니 새송이버섯	30g
삶은 달걀	1개
진간장	10g
통마늘	3g
양파	10g
올리고당	7g

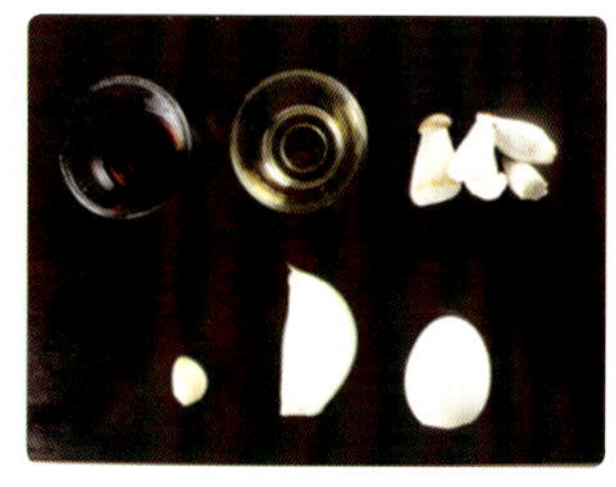

2 진간장, 올리고당, 통마늘, 양파를 넣고 끓인다.

3 삶은 달걀을 2에 넣고 끓인다. 끓기 시작하면 중불에서 조린다.

4 삶은 달걀의 색이 갈색으로 변하기 시작하면 미니 새송이버섯을 넣고 중불에서 조린다.

 **TIP**

달걀을 삶을 때 소금과 식초를 넣으면 껍질이 잘 벗겨져요.

다슬기 부추전

감칠맛이 나는 다슬기에 향긋한 부추를 넣고 반죽한 부침개로 바삭하고 쫄깃한 맛이 일품이며
웰빙 식품인 다슬기와 부추의 맛이 어우러져 색다른 맛을 느낄 수 있는 음식이다.

 **영양정보**

다슬기에는 아미노산이 풍부하여 간 기능의 회복과 숙취해소를 도우며, 부추의 뜨거운 성질이 다슬기의 차가운 성질을 보완해서 궁합이 좋은 음식이다.

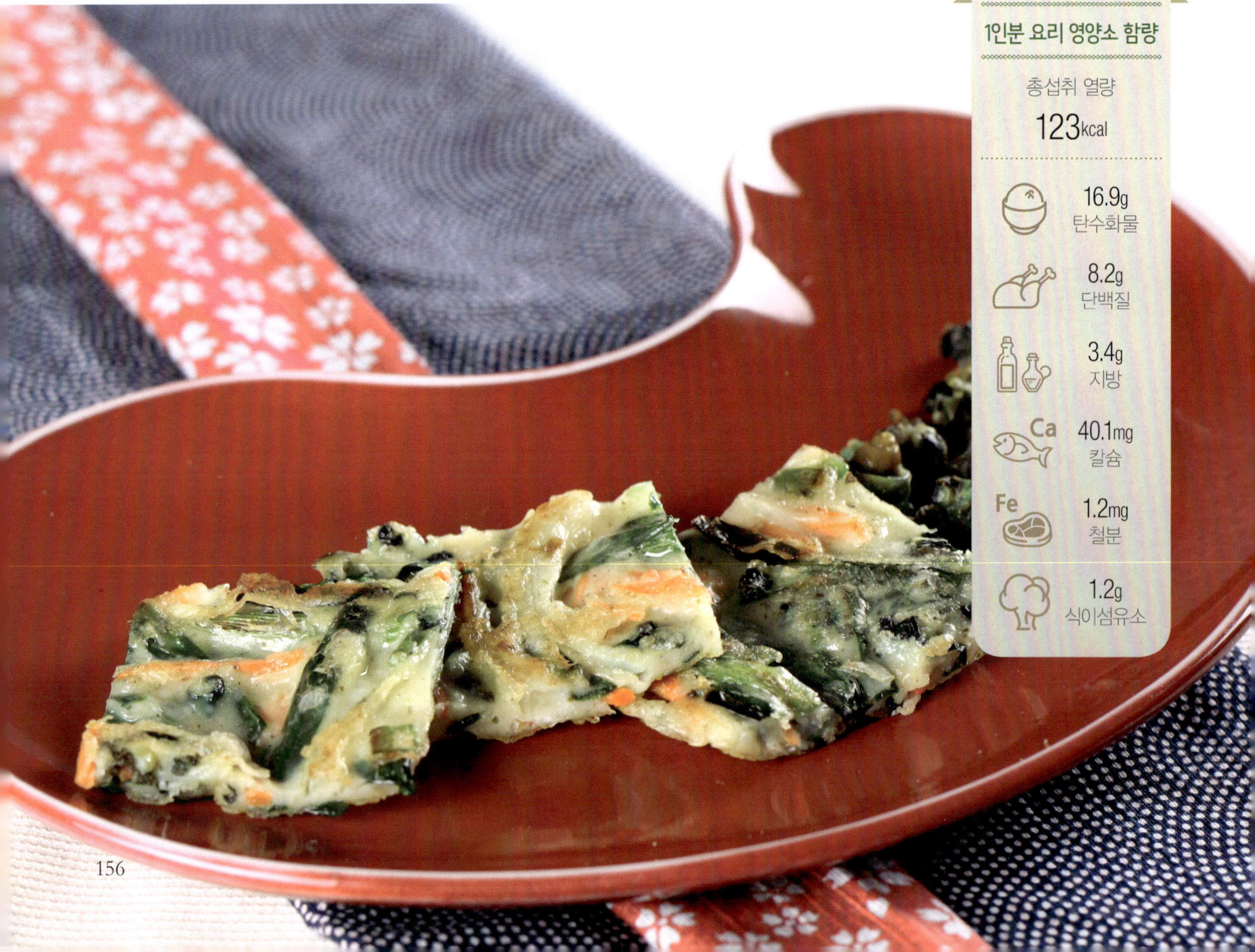

1 다슬기는 깨끗이 씻어서 물을 빼고 잘게 다진다.

 **재료**

다슬기	20g
부추	20g
당근	10g
양파	10g
부침가루	30g
멸치액젓	약간
식용유	3g
달걀	1/5g
물	50cc

2 부추, 당근, 양파는 곱게 채 썬다.

3 부침가루에 다슬기와 채소를 넣고 반죽한다. 부침가루에 멸치액젓, 달걀을 넣고 섞는다.

4 식용유를 두른 팬이 달궈지면 반죽을 떠서 부친다.

 **TIP**

다슬기 대신 우렁이나 조개를 다져서 넣어도 좋아요.

닭가슴살 무쌈

🥕 영양정보

무는 칼로리가 낮아 다이어트에 효과적이다. 무에 들어있는 전분 분해 효소는 음식의 소화흡수를 촉진시키고, 식이섬유소는 정장활동을 돕는다.

1 물과 사과식초에 얇게 썬 무를 하루 동안 재워 무쌈 초절이를 만든다.

2 파프리카는 닭가슴살 굵기로 채 썰고, 셀러리는 껍질을 벗긴 후 같은 굵기로 채 썬다.

3 닭가슴살을 소금, 후춧가루로 간을 하고, 30분 정도 재웠다가 팬에 노릇하게 굽는다.

4 무쌈 초절이에 닭가슴살과 채소를 넣고 말아서 그릇에 담는다.

재료

주재료

닭가슴살	50g
무	30g
파프리카	10g
셀러리	10g
사과식초	10g
올리고당	15g
물	50cc
소금	약간
후춧가루	약간

양념장

다진 마늘	1g
미림	5g
생강즙	3g

TIP

시판용 무쌈 초절이를 사용하면 간편하게 만들 수 있어요.

도토리묵 콩국

여름철 무더위에 식욕을 높여 줄 수 있는 고단백 저열량식 음식으로, 채 썬 도토리묵에 콩 국물을 넣어

고소하고 시원하게 먹을 수 있으며, 잘 익은 백김치를 채 썰어 올리면 시원하고 개운한 맛을 더할 수 있다.

 **영양정보**

도토리묵은 포만감을 주는 반면 열량이 낮은 식품으로 부담 없이 먹을 수 있어서 최근에는 비만 예방 식품으로도 많이 사용되고 있다. 도토리 속에 들어있는 아콘산은 중금속 해독에 우수한 효과가 있다.

<table>
<tr><td colspan="2">1인분 요리 영양소 함량</td></tr>
<tr><td colspan="2">총섭취 열량</td></tr>
<tr><td colspan="2">84kcal</td></tr>
<tr><td>9.5g</td><td>탄수화물</td></tr>
<tr><td>5.4g</td><td>단백질</td></tr>
<tr><td>2.8g</td><td>지방</td></tr>
<tr><td>Ca 50.8mg</td><td>칼슘</td></tr>
<tr><td>Fe 1.4mg</td><td>철분</td></tr>
<tr><td>2.8g</td><td>식이섬유소</td></tr>
</table>

1 도토리묵은 얇게 채 썬다.

재료

도토리묵		50g
오이		20g
콩국물		150g
통깨		약간

2 오이는 곱게 채 썬다.

3 손질한 도토리묵에 콩국물을 붓는다.

4 도토리묵 콩국에 오이채를 넣고 통깨를 뿌린다.

두부 미역 샐러드

두부 미역 샐러드는 레몬향으로 새콤하게 맛을 살린 샐러드로 칼로리가 낮아서
먹어도 살찔 걱정이 없으며 식이섬유소가 풍부하여 변비 예방에 좋은 음식이다.

 **영양정보**

미역은 칼로리와 지방 함량이 낮고 식이섬유소가 풍부하여 포만감을 주고, 장 운동을 활발히 해 변비 예방에
도움을 준다. 특히 칼슘이 풍부하여 어르신들의 뼈 강화에 좋은 식재료이다.

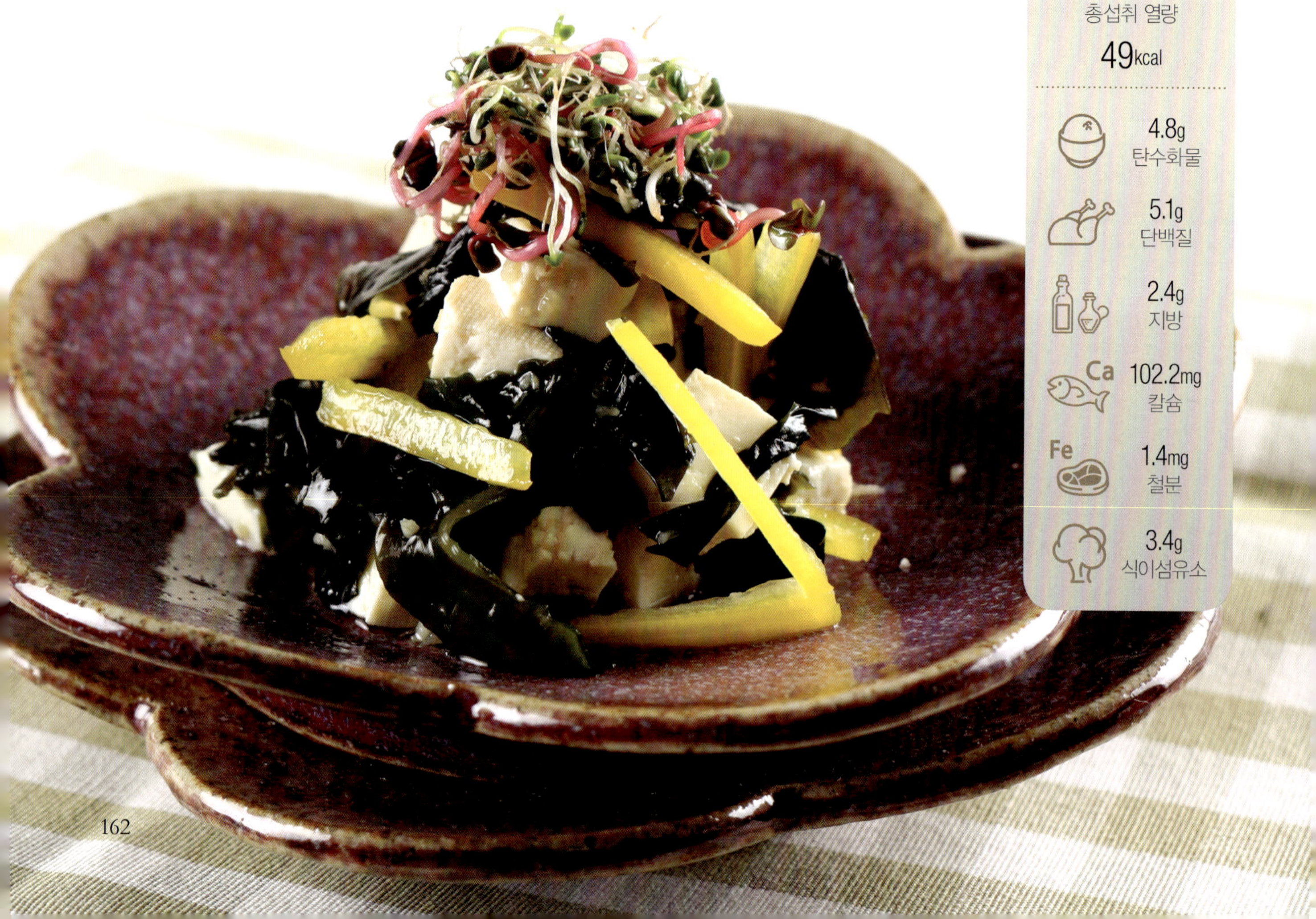

1 두부는 1.5×1.5cm 크기로 썰어 소금물에 살짝 데친다.

2 건미역을 물에 불린 후, 씻어서 잘게 썬다.

3 파프리카는 굵게 채 썰고, 새싹은 잘 씻어서 건진다.

4 그릇에 두부, 건미역, 파프리카를 담고 드레싱을 만들어 버무린 후, 새싹으로 마무리한다.

재료

주재료

두부	40g
건미역	1g
새싹	10g
파프리카	20g

샐러드 드레싱

사과식초	5g
레몬즙	1g
올리고당	3g
국간장	약간
다진 마늘	2g

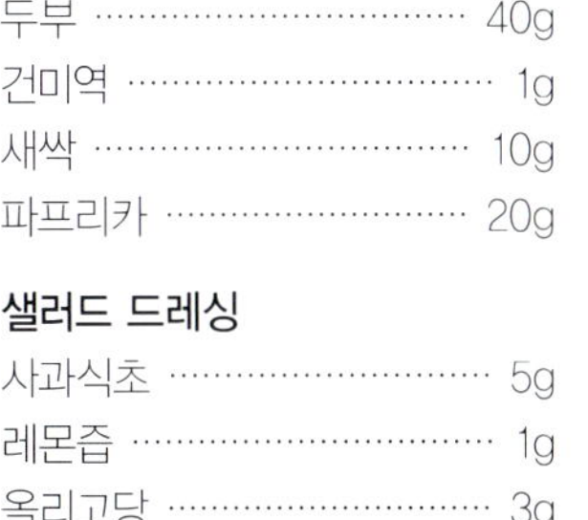

감자 땅콩 조림

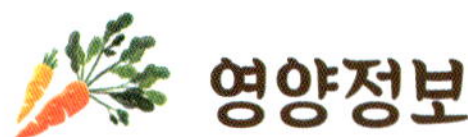

8월 햇감자를 이용한 메뉴로 3대 열량원인 탄수화물, 단백질, 지방을 골고루 함유하고 포만감을 주며 조리도 간편하여 어르신들이 쉽게 조리 할 수 있다.

영양정보

땅콩에 들어있는 단백질에는 필수아미노산이 풍부하며, 다른 콩류에 비해 탄수화물이 적게 들어있다. 또한 불포화지방산과 비타민E가 풍부하여 체내에 유해 콜레스테롤 수치를 떨어드리고 노화 예방에도 도움을 준다.

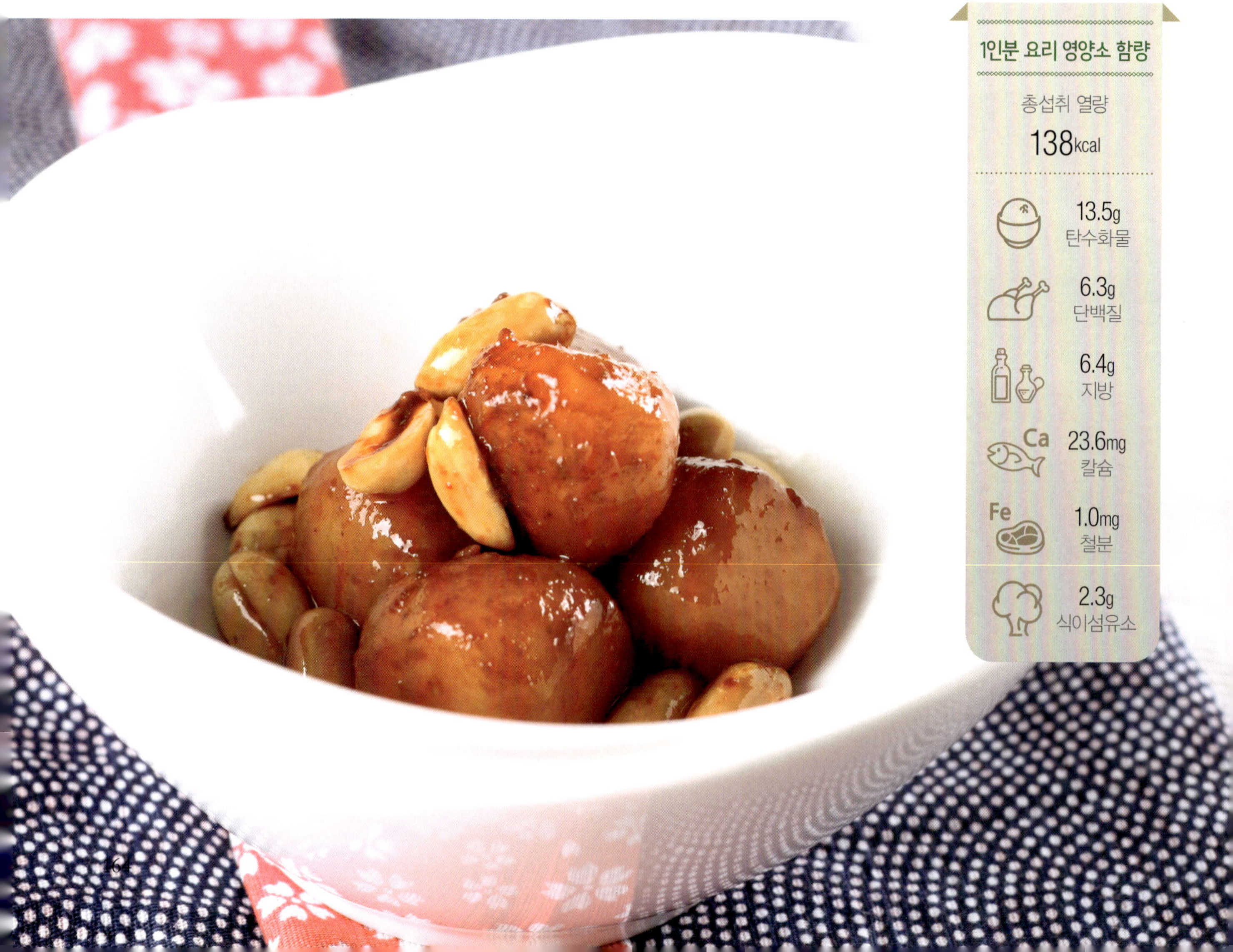

1인분 요리 영양소 함량

총섭취 열량
138kcal

13.5g 탄수화물
6.3g 단백질
6.4g 지방
Ca 23.6mg 칼슘
Fe 1.0mg 철분
2.3g 식이섬유소

1 알감자를 잘 씻은 후 냄비에 담고, 소금을 약간 넣어 익힌다.

2 양념장을 만든다.

3 팬에 식용유를 두르고 삶은 감자를 볶은 뒤, 깐 땅콩도 살짝 볶는다.

4 삶은 감자와 깐 땅콩에 양념장을 넣고 간이 잘 배게 조린 후, 통깨를 뿌린다.

 **재료**

주재료

알감자	50g
깐 땅콩	10g
통깨	약간
소금	약간
식용유	5g

양념장

고추장	약간
케첩	2g
올리고당	2g
참기름	약간
다진 마늘	약간
진간장	2g

파인애플 볶음밥

새우살과 여러 가지 채소를 섞은 볶음밥으로 굴소스의 감칠맛을 더한 여름 요리에
달콤한 열대과일 파인애플을 넣어 담백하고 향긋한 단맛을 가미한 별미이다.

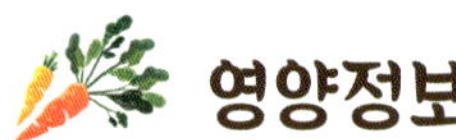

영양정보

파인애플은 식이섬유소가 풍부하고 다른 과일에 비해 칼로리가 낮아 다이어트 시 섭취하기 좋다. 단백질 분해효소인 브로멜린을 함유하고 있어 고기를 부드럽게 하고 소화를 용이하게 한다.

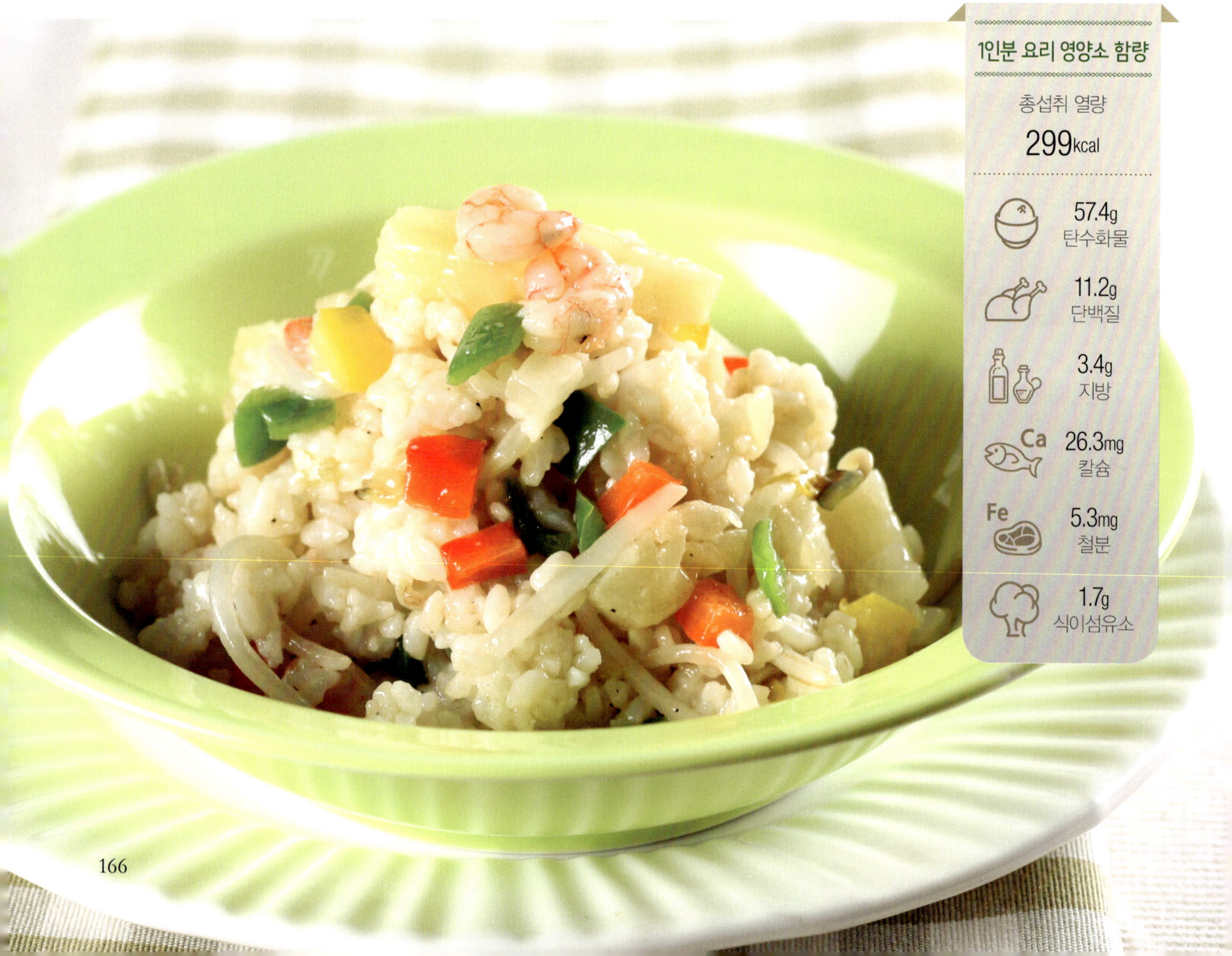

1인분 요리 영양소 함량

총섭취 열량
299kcal

57.4g	탄수화물
11.2g	단백질
3.4g	지방
26.3mg	칼슘
5.3mg	철분
1.7g	식이섬유소

 **재료**

파인애플 통조림	40g
깐 새우살	20g
양파	10g
파프리카	20g
청피망	10g
홍피망	10g
숙주나물	30g
카놀라유	5g
굴 소스	3g
후춧가루	약간

1 파인애플 통조림은 잘게 썰고, 깐 새우살은 반으로 썬다.

2 양파, 파프리카, 홍피망, 청피망은 1×1cm 크기로 썰고, 숙주나물은 머리와 꼬리를 잘라 다듬는다.

3 달군 팬에 카놀라유를 두르고, 양파와 파프리카, 청피망, 홍피망을 넣고 볶다가 파인애플과 새우살을 넣어 새우살이 익으면 불을 끈다.

4 3에 밥과 숙주를 넣고 볶다가 굴소스와 후춧가루를 넣어 간을 맞춘다.

 **TIP**

새우 살 대신 쇠고기나 닭고기를 사용해도 좋다.

9월 요리
(브로콜리, 우엉, 연근)

어르신들은 가을에 특히 다른 계절보다 건강관리에 주의해야 한다. 여름에서 가을로 넘어가는 환절기에는 일교차가 심하기 때문에 기온 변화에 대한 세심한 관리가 필요하다. 심한 일교차에 상대적으로 면역력이 낮은 어르신들은 뇌경색과 심근경색, 협심증, 뇌출혈 등의 여러 질환에 쉽게 노출될 수 있다. 환절기인 가을의 특성상 우리 몸은 적절한 체온을 유지하는 데 상당한 어려움을 겪게 된다. 특히 어르신들의 경우 체온 조절에 실패하면 감기는 물론 그 합병증으로 축농증, 기관지염, 중이염, 천식 등이 발생할 수 있으며 알레르기성 비염이나 아토피성 피부염이 나타나기도 한다. 따라서 가을에는 적절한 체온을 유지하기 위해 외출 시 얇은 옷을 겹쳐 입고 체온이 저하되는 것을 막아야 한다.

브로콜리는 미국 주간지 〈타임〉이 뽑은 건강에 좋은 슈퍼푸드로 마늘, 시금치, 견과류, 적포도주와 함께 선정된 식품이다. 브로콜리에 들어있는 비타민C는 레몬의 2배, 토마토의 8배가 함유되어 있어 감기 예방과 피부 건강에 효과적이다. 또한 항산화 성분인 비타민A와 B, 칼륨, 인, 칼슘과 같은 무기질이 시금치 못지않게 풍부하다. 브로콜리에는 항암성분인 설포라판(sulforaphane)풍부한데, 특히 다 자란 것에 비해 싹에 50배가 더 함유되어 있다. 유방암, 대장암, 발생을 억제시키고, 헬리코박터 파일로리균을 사멸시켜 위궤양과 위암 예방에 효과적이다. 그리고 항궤양성 인자인 비타민U가 풍부하여 위장을 튼튼하게 한다. 브로콜리에 들어 있는 셀레늄은 노화를 진행하는 활성산소를 중화시키는 작용을 하는 것은 물론, 면역체계를 강화해 질병을 예방하는 데 도움을 준다. 베타카로틴은 면역력 증진은 물론 피부나 점막의 저항력을 강화시켜 감기 예방에 효과가 있다.

브로콜리의 비타민C와 설포라판 성분의 손실을 최대한 줄이기 위해서는 브로콜리를 삶을 때, 끓는 물에 소금을 약간 넣고 줄기부터 삶으면 좋다. 브로콜리를 조리할 때 양파를 함께 넣으면 궁합이 좋다. 브로콜리에 들어있는 항산화 성분은 바이러스에 대한 면역력 강화에 도움주는 데, 양파에 들어있는 성분이 그 작용을 돕기 때문이다. 또한, 브로콜리를 참기름으로 볶거나 참깨를 뿌리는 등 참깨와 함께 먹으면 베타카로틴의 흡수를 증가시킬 수 있다. 일반적으로 브로콜리의 봉오리 부분이 요리에 주로 사용되지만 영양상 줄기도 함께 먹는 것이 좋다.

우엉은 '산에서 내려온 산삼'이라 불리며 다이어트와 성인병 예방에 효과가 있다는 사실이 알려지면서 웰빙 식품으로 인기가 높다. 최근에는 우엉을 말린 후 볶아서 차로 끓여 마시는 우엉차도 나와서 현대인을 위한 힐링차로 추운 겨울 그 진가를 발휘한다. 우엉의 껍질에는 사포닌(saponin) 성분이 풍부하다. 인삼에도 다량 함유되어 있는 사포닌 성분은 체내 활성산소를 제거하는 항산화 물질로써 콜레스테롤을 낮춰 동맥경화 예방에 도움을 준다. 또한 우엉 껍질에 들어있어 잘랐을 때 끈적거리는 리그닌(lignin) 성분은 불용성 식이섬유소의 일종이다. 리그닌 성분은 혈관을 청소하는 역할을 하여 뇌졸중과 심장병 예방에 도움을 준다. 따라서 우엉 껍질은 벗기지 않고 흙을 제거한 뒤 우엉차를 만드는 것이 좋다. 우엉에 풍부한 식이섬유는 수분 흡수력이 있어 장내 독소가 머무르는 시간을 단축시키고 변을 부드럽게 해서 배변활동에 도움을 준다. 특히 수용성 식이섬유인 이눌린(inulin)은 신장 기능을 높여주고 이뇨작용에 도움을 준다. 우엉에 함유되어 있는 아르기닌은 성장호르몬 분비를 촉진시키고 체력을 강화하는 데 도움을 주어 성장기 어린이는 물론 직장생활을 하는 성인에게도 좋다. 우엉은 비타민 함량이 적은 반면, 칼륨, 마그네슘, 아연 등이 풍부하게 들어있는 무기질 식품이다. 우엉을 식초에 담가두면 갈변도 막을 수 있고 특유의 아린 맛도 완화시킬 수 있다.

연근은 연꽃의 뿌리로 식이섬유가 풍부한 식품 중의 하나이다. 다른 뿌리식물에 비해 연근에는 비타민C와 철분이 풍부하여 혈액 생성에 도움을 주며, 칼륨이 다량 함유되어 고혈압 예방에도 좋다. 연근의 주성분은 녹말이며, 실처럼 끈끈하게 엉긴 뮤신(mucin) 성분은 단백질의 소화를 촉진시키고 위벽을 보호하는 데 도움을 준다. 따라서 연근은 특히 과민성 대장증세가 있는 사람이나 소화력이 약한 임신부에게 효과적이다. 연근에 들어있는 탄닌(tannin)은 수렴작용이 우수하여 상처 치료에 효과적이며 지혈작용에도 도움을 준다. 따라서 연근을 생즙으로 해서 마시면 위궤양, 출혈, 부인병 출혈 치료에 효과가 있다. 연근에는 아스파라긴, 티록신 등과 같은 아미노산이 풍부하며, 펙틴과 비타민 B_{12}와 C가 많이 함유되어 있어 신진대사를 원활하게 하는데 좋다. 연근은 묵직하고 딱딱하며 잘랐을 때 속이 희고 부드러운 것이 좋다.

브로콜리 새우 샐러드

영양정보

브로콜리의 비타민C 함유량은 레몬의 약 2배로 피부 미용 효과뿐만 아니라 감기 예방 효과에도 뛰어나다. 그 외에도 비타민A, B, 칼륨, 인과 같은 무기질도 풍부하며 위암, 유방암 발생 억제에도 효과가 있다. 요리에는 주로 봉오리 부분을 사용하지만 영양상 줄기도 함께 먹는 것이 좋다.

1 브로콜리는 먹기 좋게 잘게 썰어서 데친다.

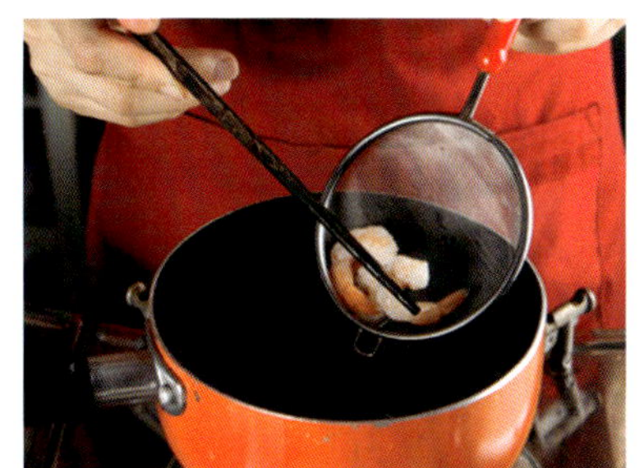

2 칵테일 새우는 끓는 물에 살짝 데친다.

3 재료를 섞어 오리엔탈 드레싱을 만든다.

4 브로콜리와 새우에 방울토마토를 넣어 섞은 후, 오리엔탈 드레싱을 끼얹는다.

 재료

주재료

브로콜리	40g
칵테일 새우	30g
방울토마토	20g

오리엔탈 드레싱

진간장	5g
올리브유	5g
식초	5g
매실청	5g
레몬즙	약간
황설탕	3g
소금	약간

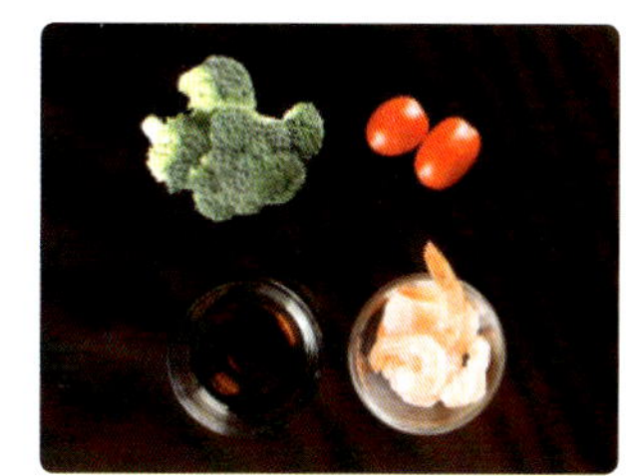

TIP

새우를 물에 데칠 때, 양파와 대파를 넣으면 잡내를 제거할 수 있어요.

청포묵 들깨무침

청포묵을 들깨가루와 들기름에 버무린 음식으로 단백질과 오메가-3, 필수지방산이 풍부하며
담백하고 고소한 맛이 가미된 음식으로 치아가 부실하거나 소화기능이 약한 어르신들에게 적합한 음식이다.

영양정보

녹두를 갈아 만든 청포묵은 열량이 낮아 다이어트에 좋으며 라이신, 발린과 같은 필수아미노산과 단백질이 풍부한 식재료이다.

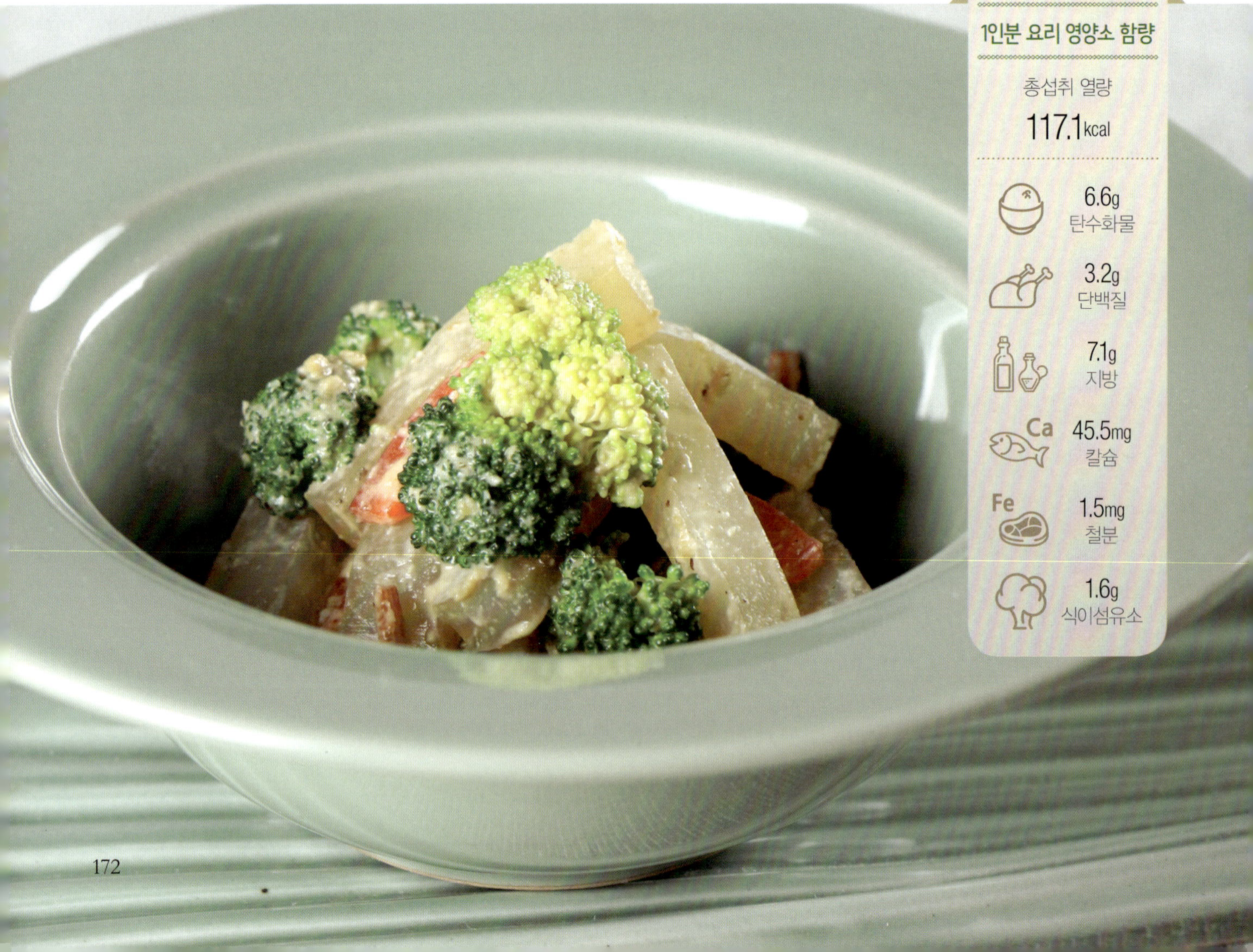

1인분 요리 영양소 함량

총섭취 열량
117.1kcal

탄수화물	6.6g
단백질	3.2g
지방	7.1g
칼슘 (Ca)	45.5mg
철분 (Fe)	1.5mg
식이섬유소	1.6g

1 청포묵은 0.5×5cm 크기로 채 썬다.

2 청포묵은 끓는 물에 소금을 약간 넣고 데친다.

3 홍피망은 2cm 길이로 곱게 채 썰고, 브로콜리는 잘게 뜯어서 데쳐 놓는다.

4 청포묵과 홍피망, 브로콜리를 한데 넣고 양념장을 넣어 살살 버무린다.

 **재료**

주재료

청포묵	60g
브로콜리	20g
홍피망	5g
소금	약간

양념장

들깨	10g
들기름	2g
올리브유	1g
진간장	3g
황설탕	약간

 **TIP**

청포묵은 반투명 해질 때까지 데친 후, 체로 건지면 부서지지 않아요.

뿌리 채소밥

영양소의 통로이자 저장소로, 많은 영양소를 함유한 뿌리로 만든 채소밥은 자극적이지 않고 부드럽고 감칠맛이 나며 대표적인 뿌리 채소인 우엉, 연근 외에도, 감자, 무, 고구마 등을 사용 할 수 있고 콩나물, 시래기 등을 넣어도 좋다.

 **영양정보**

우엉에는 식이섬유소의 일종인 이눌린이 풍부해 신장 기능을 향상시키고 섬유소가 풍부해 배변을 촉진하여 변비 예방에 좋다. 연근에는 단백질의 일종인 뮤신이 함유되어 있어서 단백질 소화 작용 촉진 및 강장작용에 도움을 준다. 또한 비타민C와 철분이 많아 혈액 생성에 도움을 주어 빈혈 예방에 좋다.

1인분 요리 영양소 함량	
종섭취 열량	**299.1**kcal
탄수화물	55.6g
단백질	10.2g
지방	2.9g
Ca 칼슘	25mg
Fe 철분	2mg
식이섬유소	2.5g

1 우엉은 다지고 연근은 얇게 채 썰어 4등분 하고 쌀은 불린다.

2 썬 연근은 식초 물에 담근다.

3 당근과 불린 표고버섯은 다진다.

4 냄비에 불린 쌀, 다진 쇠고기, 우엉, 당근, 표고버섯을 넣고 연근, 맛술과 건다시마를 넣어 밥을 지은 후, 양념장을 곁들인다.

 **재료**

주재료

쌀	60g
우엉	10g
연근	20g
불린 표고버섯	2g
다진 쇠고기	20g
건다시마	1장(5×5cm)
맛술	5g
식초	약간

양념장

진간장	20g
고춧가루	3g
다진 양파	5g
다진 쪽파	5g
깨소금	약간
참기름	약간

메추리알 단호박조림

메추리알과 단호박을 섞어 간장 양념장에 조린 음식으로, 부드럽고 달콤하며 감칠맛을 느낄 수 있다.

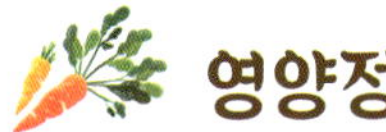

영양정보

메추리알의 단백질과 단호박에 풍부한 비타민A의 전구체인 베타카로틴은 어르신들의 면역력을 높이고, 양질의 단백질을 공급하는 식재료이다. 메추리알과 단호박은 부드러워서 치아가 약한 어르신들이 편하게 드실 수 있다.

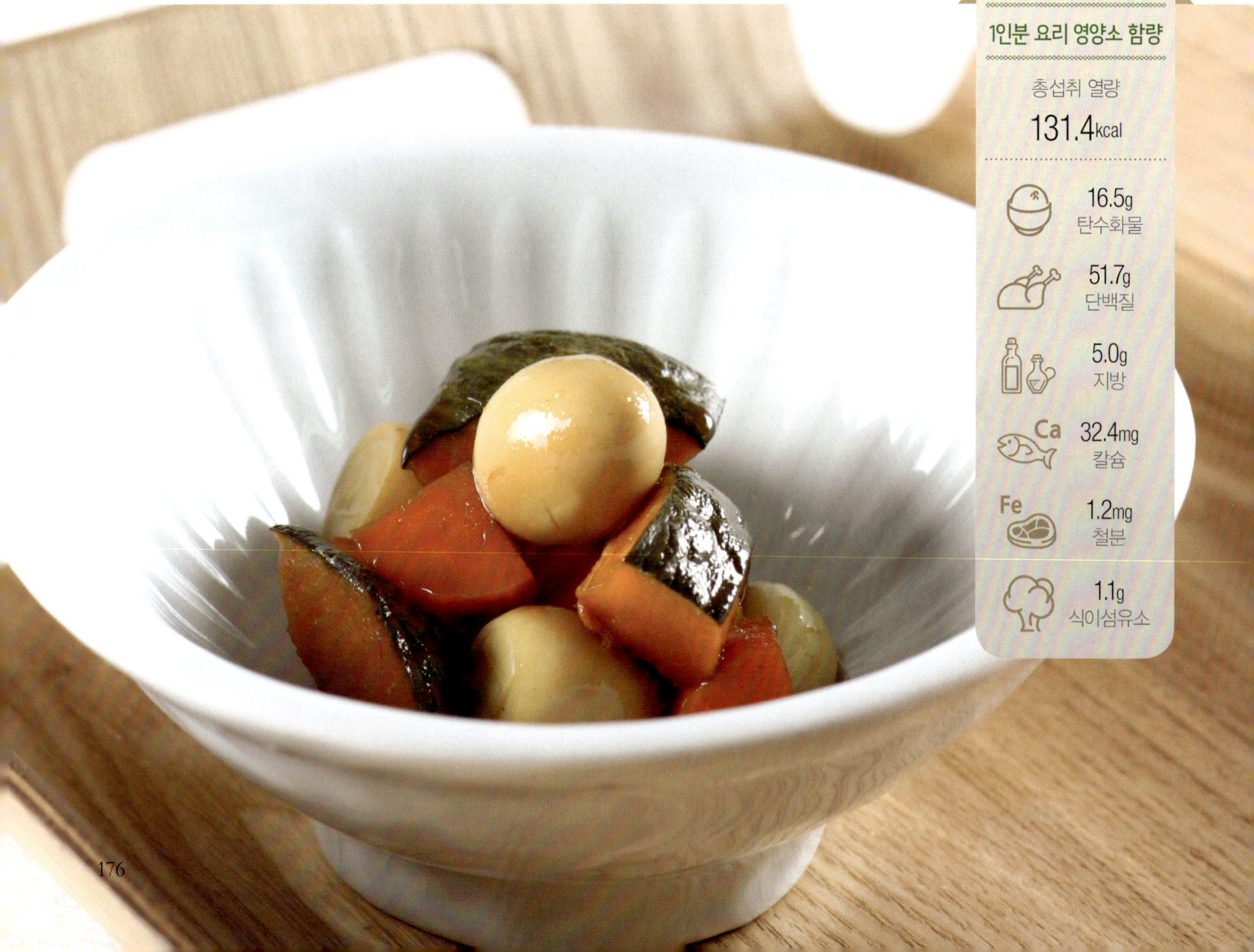

1인분 요리 영양소 함량

총섭취 열량
131.4kcal

- 16.5g 탄수화물
- 51.7g 단백질
- 5.0g 지방
- Ca 32.4mg 칼슘
- Fe 1.2mg 철분
- 1.1g 식이섬유소

1 껍질을 깐 메추리알은 깨끗이 세척하여 담아 두고 당근, 단호박은 깍둑썰기 한다.

 **재료**

주재료

깐 메추리알	40g
단호박	30g
당근	10g
통마늘	5g
통깨	약간

조림장

진간장	7g
다시마 육수	50g
올리고당	10g

2 다시마 육수에 진간장, 올리고당을 넣어 조림장을 만든다.

3 냄비에 메추리알과 당근, 단호박, 조림장을 넣고 끓기 시작하면 중불에서 조린다.

4 메추리알의 색이 갈색으로 변하기 시작하면 약한 불에서 자작하게 조린 후, 불을 끄고 통깨를 뿌린다.

TIP

깍둑썰기 한 단호박의 모서리를 둥글게 깎아 주면 으깨지는 것을 막을 수 있어요.

메추리알 해물볶음

매콤하게 조리하여 식욕이 없는 어르신들의 식욕을 돋우고 단백질을 충분히 공급해 줄 수 있는 음식으로 매운 맛이 부담스러울 경우 케첩을 사용해도 좋다.

영양정보

홍합은 열량과 지방 함량이 낮아 다이어트 시 단백질 공급에 좋은 식재료이다. 오징어는 EPA, DHA가 풍부하게 함유되어 있어 뇌기능 증진 및 기억능력을 향상해줄 뿐 아니라 치매를 예방하는 데 도움을 준다. 바지락살은 타우린 성분이 풍부하게 함유되어 있어 피로회복에 좋다.

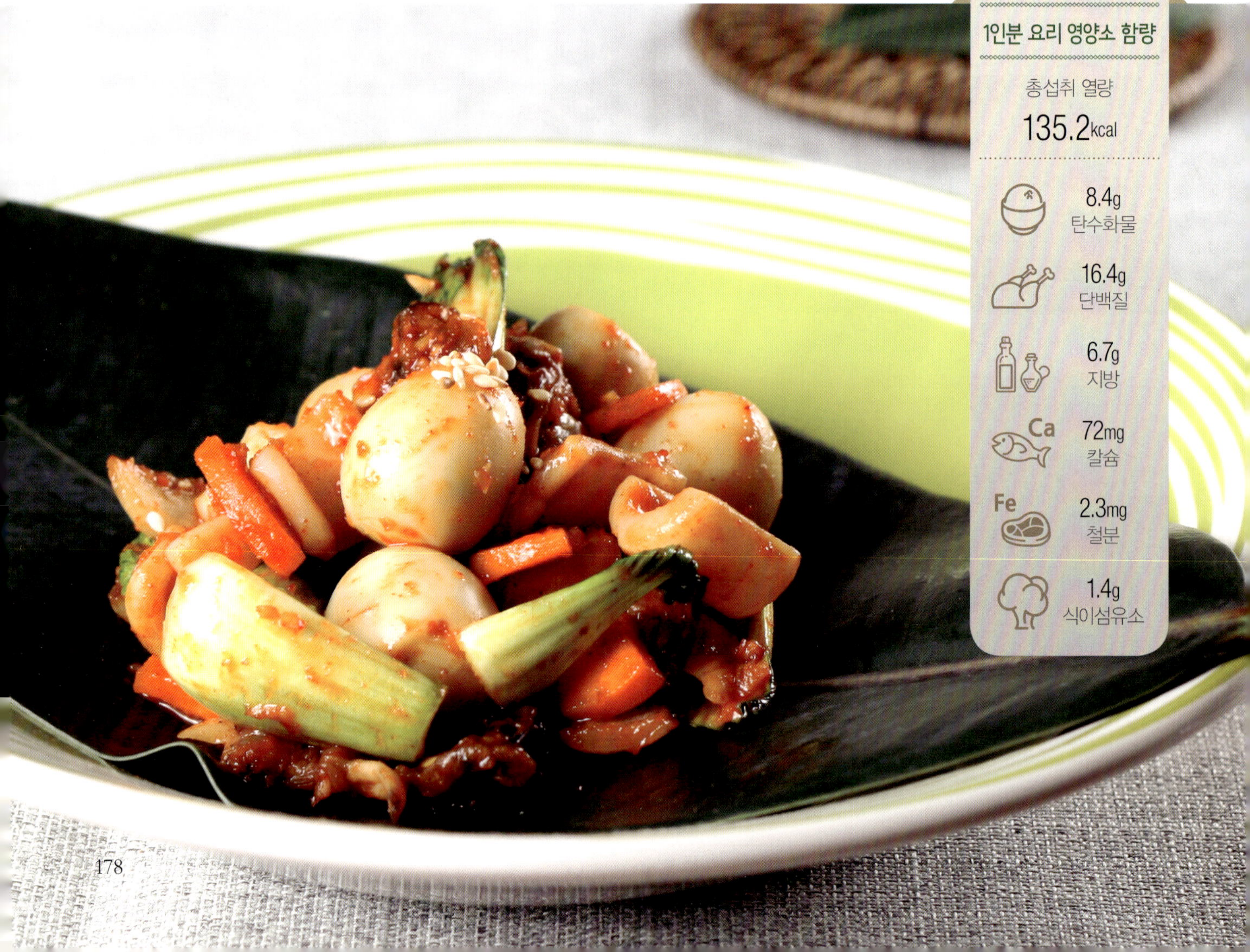

1인분 요리 영양소 함량

총섭취 열량
135.2kcal

8.4g	탄수화물
16.4g	단백질
6.7g	지방
72mg	칼슘
2.3mg	철분
1.4g	식이섬유소

1 건홍합, 바지락살은 깨끗이 씻고,
오징어, 청경채는 한입 크기로 썰고,
양파와 당근은 채 썬다.

2 식용유를 두른 프라이팬에 해물과
깐 메추리알을 섞는다.

3 해물과 메추리알에 양파와 당근을
넣고 양념장으로 볶는다.

4 3에 청경채를 넣고 볶는다.

재료

주재료

깐 메추리알	50g
오징어	15g
건홍합	1g
바지락살	5g
양파	10g
청경채	20g
당근	5g
식용유	약간

양념장

고추장	10g
진간장	3g
다진 마늘	약간

연두부 비빔밥

담백한 연두부와 여러 가지 채소를 곁들인 비빔밥으로 채소를 듬뿍 먹을 수 있으며
달걀 프라이 대신 콜레스테롤 걱정이 없는 부드러운 연두부를 넣어 영양이 가득하다.

 **영양정보**

연두부는 두부 중에서 가장 부드러워 어르신들이 드시기에 좋다. 연두부는 칼로리와 지방이 낮고 단백질 함량
이 풍부하여 다이어트 시 효과적이다. 또한 올리고당이 풍부하여 장 운동을 도와 변비 예방에 도움을 준다.

1인분 요리 영양소 함량

총섭취 열량
290.5kcal

	58.9g	탄수화물
	13g	단백질
	3.8g	지방
Ca	544.4mg	칼슘
Fe	3.3mg	철분
	1.8g	식이섬유소

1 연두부는 물기를 빼서 으깬다.

2 양파, 당근, 깻잎은 각각 채 썰고, 칵테일 새우는 데친 후, 잘게 썬다. 무순은 깨끗이 씻어 물기를 뺀다.

3 당근 채는 식용유에 볶는다.

4 그릇에 잡곡밥을 담고 양파와 깻잎, 새우, 당근 순서로 담고 연두부를 가운데 얹어 양념장과 곁들인다.

 재료

주재료

잡곡밥	140g
연두부	50g
당근	20g
양파	20g
깻잎	10g
무순	3g
칵테일 새우	20g
식용유	약간

양념장

진간장	10g
고춧가루	약간
매실청	5g
참기름	1g
참깨	약간
다진 쪽파	5g

TIP

채 썬 양파는 찬물에 담가두면 매운 맛이 줄어들어요.

상추 유자청 무침

향긋한 유자청 맛이 나는 상추 무침으로 맛있고 간편하며

식욕부진으로 식사량이 줄어 든 어르신들의 입맛을 살리고 비타민 섭취로 피로회복에 도움을 준다.

 **영양정보**

유자에는 레몬보다 3배 정도 많은 비타민C가 함유되어 있어 감기와 피부 미용에 좋다. 비타민B와 당 성분이 다른 감귤류보다 많이 함유되어 있고, 모세혈관을 보호하는 헤스페리딘은 뇌혈관 장애와 중풍 예방에 좋다.

<table>
<tr><td colspan="2">1인분 요리 영양소 함량</td></tr>
<tr><td colspan="2">총섭취 열량
78.1kcal</td></tr>
<tr><td>19.6g</td><td>탄수화물</td></tr>
<tr><td>3.5g</td><td>단백질</td></tr>
<tr><td>0.6g</td><td>지방</td></tr>
<tr><td>Ca 28.9mg</td><td>칼슘</td></tr>
<tr><td>Fe 0.8mg</td><td>철분</td></tr>
<tr><td>0.9g</td><td>식이섬유소</td></tr>
</table>

1 양배추, 상추는 깨끗이 씻은 후 먹기
좋은 크기로 썬다.

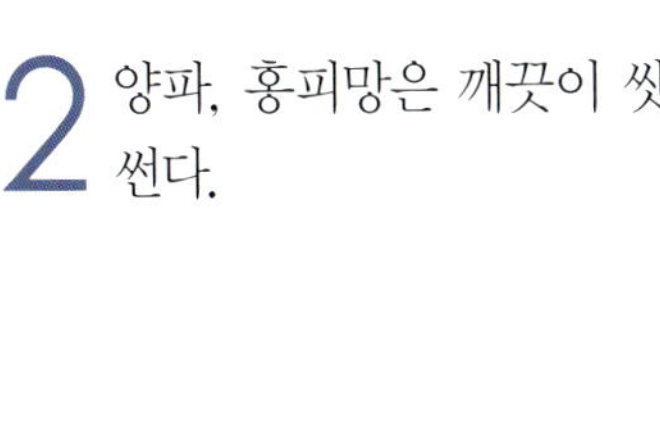

2 양파, 홍피망은 깨끗이 씻은 후 채
썬다.

3 양념장을 만든다.

4 양배추, 상추, 양파, 홍피망에 양념
장을 넣어 버무린다.

 **재료**

주재료

상추	8g
양파	20g
양배추	10g
홍피망	5g

양념장

유자청	15g
고추장	5g
매실청	10g
볶은 깨	약간

 TIP

양파를 찬물에 담가두면 매운맛을 줄이고, 아삭하게 먹을 수 있어요.

장 똑똑이

장똑똑이는 단백질이 풍부한 쇠고기 살코기로,
부드럽고 간단하게 조리할 수 있고, 비빔밥의 고명이나 잡채의 부재료로 활용해도 좋다.

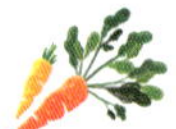

영양정보

철분이 풍부한 쇠고기 살코기는 어르신들의 철분 부족으로 인한 빈혈 예방에 좋다. 식재료 구입 시에도 기름기가 없는 부위로 구입하고, 소화 흡수 능력이 떨어진 어르신에게는 다져서 조리한다.

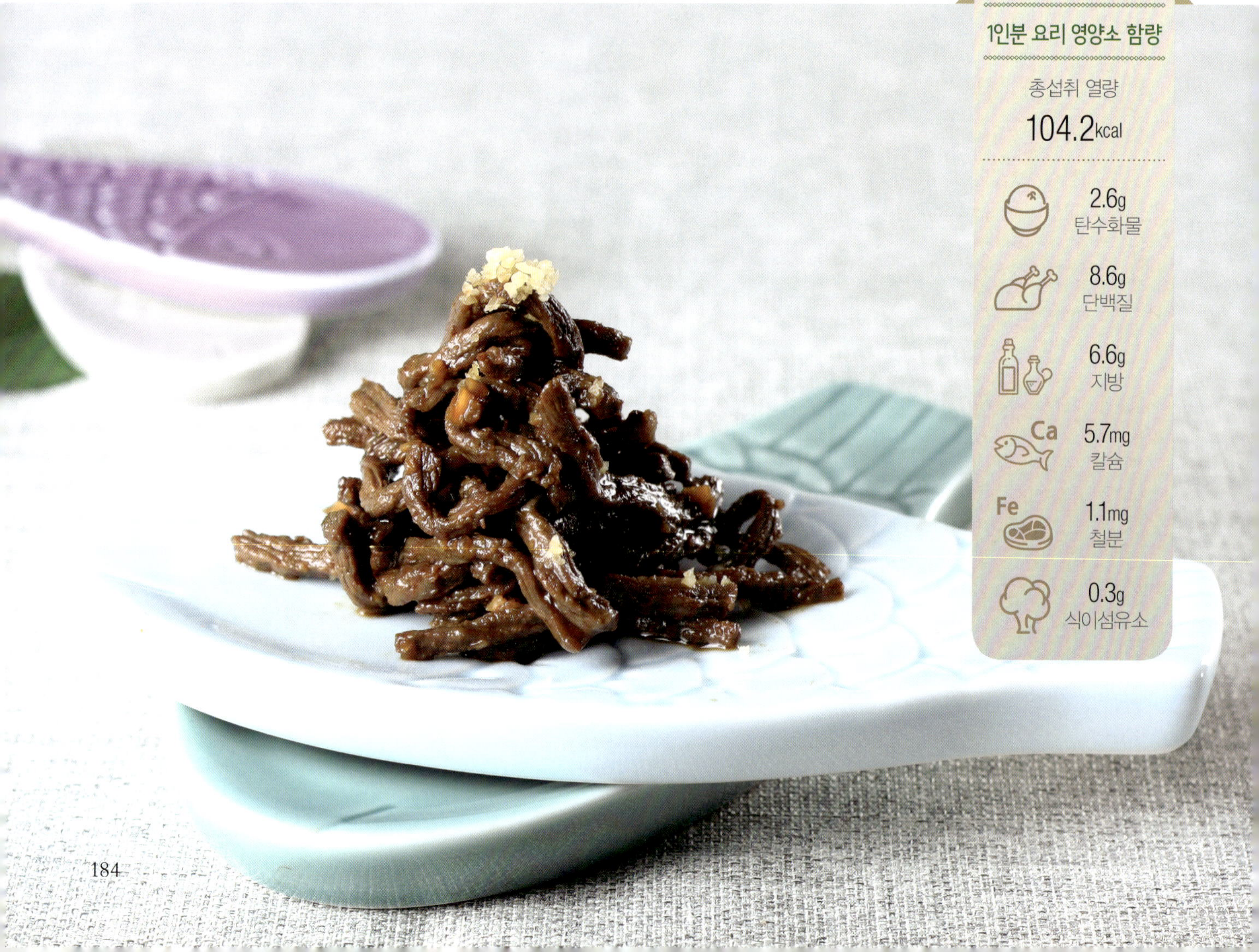

1인분 요리 영양소 함량

총섭취 열량
104.2kcal

- 2.6g 탄수화물
- 8.6g 단백질
- 6.6g 지방
- 5.7mg 칼슘
- 1.1mg 철분
- 0.3g 식이섬유소

1 쇠고기는 5×0.3cm 길이로 채 썬 후, 키친 타올로 꾹 눌러 핏물을 제거한다.

2 쇠고기에 밑간 양념을 한 후, 골고루 버무려 30분 정도 재운다.

3 밑간 한 쇠고기에 물 1큰술을 넣어 2분 정도 센 불에서 끓인 후, 물을 자작하게 조린다.

4 쇠고기에 조림장을 넣어 약한 불에서 조린 후, 참기름을 넣고 다진 잣을 올린다.

 재료

주재료

쇠고기	40g
잣	2g
참기름	약간

밑간 양념

진간장	4g
다진 대파	2g
매실엑기스	3g
다진 마늘	2g
생강즙	1g
맛술	3g

조림장

진간장	5g
국간장	1g
황설탕	2g
물	1큰술

 **TIP**

잣은 키친 타올에 올려 기름이 흡수되도록 하세요.

10월 요리

(사과, 고구마)

　어느 때보다 제철 재료가 풍성한 10월에는 저렴하고 영양이 풍부한 식재료로 어르신들의 입맛을 즐겁게 할 수 있다. 예로부터 사과는 '하루에 한 알의 사과는 의사를 멀리 한다'라고 할 정도로 만병통치의 식품으로 알려져 있고, 또한 고구마는 '하루에 1개씩만 섭취하면 의사가 필요 없다'라는 말도 있을 정도로 건강에 좋은 식품이다. 가을철 어르신들의 건강에 좋은 사과와 고구마에 대해서 알아보고자 한다.

사과는 국내에서 생산되는 과일 중 45%를 차지하는 과일로서, 식이섬유, 비타민C 및 폴리페놀 등의 성분을 골고루 함유하고 있다. 사과는 심혈관 질환 및 암 등 성인병 예방에 효과적이며, 그 외에도 사과 속의 폴리페놀 성분인 퀘르세틴(quercetin)은 뇌혈관 질환에 도움을 준다고 알려져 있다. 사과의 주된 항산화 활성 성분인 폴리페놀은 특히 과피에 풍부하며 과육에 비해 약 2~9배 정도 많은 것으로 알려졌다. 영국에서는 지금도 사과를 후식이 아닌 식사 중에 먹는 식품의 일종으로 섭취하고 있다.

　사과에 함유된 영양성분은 수분함량이 82~88%이고 주성분은 탄수화물로써 당분은 13~16%로 다른 과실보다 다소 높은 편이다. 칼로리는 100g당 57kcal로 낮으며, 한 개당 200~300g 정도 된다고 하면 사과 한 개의 열량은 대략 114~117kcal이다. 사과 껍질에는 키틴, 안토시아닌, 퀘르세틴, 옥타코사놀, 섬유질, 폴리페놀, 펙틴 등이 함유되어 있고, 사과 과육에는 비타민C, 비타민B, 당, 베타카로틴 등이 함유되어 있다. 사과에 들어있는 식이섬유는 유해 콜레스테롤을 배출하는 데 도움을 주므로 동맥경화 예방에 효과적이다. 또한 비타민이 풍부해 피부미용 및 피로회복에 도움을 준다.

　사과는 과일 중에서 특히 저장성이 높고 조리방법도 다양하다. 서양에서는 주스, 애플 사이다, 잼, 파이, 소스 등의 형태로 다양하게 이용해 왔으며, 우리나라에서는 빈사과, 정과 등 전통음식의 주원료로 사용해 왔다. 사과 껍질은 베이킹소다를 사용해 표면을 깨끗하게 씻거나 식초 물에 담근 후 씻으면 농약 걱정 없이 섭취할 수 있다.

고구마는 날씨가 쌀쌀해지면 생각나는 식품 중의 하나이다. 고구마는 전세계적으로 중요한 식량 작물 중 하나로 다른 작물에 비해 재배가 용이하고 열악한 환경조건에서도 잘 견뎌 경제성이 높다. 고구마의 영양성분은 대부분 전분으로 이뤄져 있으며, 식이섬유, 무기질, 베타카로틴, 비타민C와 같은 성분을 풍부히 함유하고 있다. 고구마는 대표적인 알칼리 식품으로 퀘르세틴이라는 성분이 콜레스테롤 수치를 낮춰 동맥경화 예방에도 탁월하다. 고구마에 들어있는 판토텐산(pantothennic acid) 성분은 나트륨을 배출시키고 고혈압 예방에 도움을 준다. 또한 인체의 노화방지 효과가 있는 비타민E 성분도 풍부하게 함유되어 있다. 클로로겐산(chlorogenic acid)과 같은 폴리페놀류가 많이 함유되어 있어 항산화 효과도 우수하다.

고구마는 육질색으로 나눌 경우, 흰색인 일반 고구마와 자색 및 주황색을 띠는 유색 고구마로 구분한다. 고구마 육질의 색이 신선한 오렌지색을 띠는 주황색 고구마는 일반 고구마에 비해 베타카로틴 함량이 매우 높으며 항암 작용, 항산화 작용, 스트레스 예방 등 효과가 우수하다. 고구마 표피층뿐만 아니라 육질전체가 진한 자색을 띠고 있는 자색 고구마는 일반 고구마와 달리 수용성 색소인 안토시아닌(anthocyanin)을 다량 함유하고 있으며, 천연 식용색소로써 널리 사용하고 있다. 따라서 미국항공우주국에서는 고구마를 우주 시대 식량자원으로 채택해서 사용하고 있다. 고구마에는 식이섬유소인 셀룰로오스가 많이 함유되어 있어 장운동을 향상시키고, 아마이드라는 물질이 장내의 유산균이나 비피더스균의 번식을 촉진하여 변비 예방에 도움을 준다. 또한 고구마 껍질은 보라색이며 고구마의 속보다 항산화 물질인 안토시아닌 성분을 많이 포함하고 있어서 껍질째 섭취하는 것이 좋다. 고구마 100g당 생고구마 111kcal이며 혈당지수(GI)는 55로 감자 90에 비해 낮아 고구마 다이어트, 특히 GI 다이어트를 하는 사람들에게 안성맞춤이다.

고구마는 수분함량이 높아 다른 식품에 비해 저장성이 낮아 장기저장이 어렵다. 열이나 빛에 불안정해서 보관에 유의해야 한다. 갓 수확한 고구마는 통풍이 잘 되는 곳에 보관해야 하며, 신문지를 깔고 2~3일 정도 말리며 흙이 묻은 채로 펴서 말리는 것이 보관에 적합하다. 고구마가 충분히 말랐다면 다시 보관할 새로운 박스에 구멍을 뚫고 바닥에 신문지를 깔은 후, 고구마를 일단 펴서 넣고 다시 그 위에 신문지를 덮고 고구마를 담는 방식으로 보관하는 것이 좋다. 고구마 보관 적정 온도는 12~15℃이며 겨울철 추운 베란다는 피하는 것이 좋다.

치커리 사과채 무침

치커리에 설탕 대신 사과와 매실엑기스를 사용하여 깊은 맛과 향을 살리고
치커리의 쌉싸름한 맛은 사과의 달콤한 맛과 어울려 식욕을 돋운다.

영양정보

치커리에는 카로틴, 비타민B_2, 비타민C 외에도 칼륨이나 철분, 식이섬유소가 풍부하여 변비 예방에 좋고, 소화를 도와 혈액순환 개선 효과를 주어 혈관질환 예방에 도움을 준다. 생채에 단맛은 설탕 대신 사과를 사용하여 설탕 사용량을 줄일 수 있다.

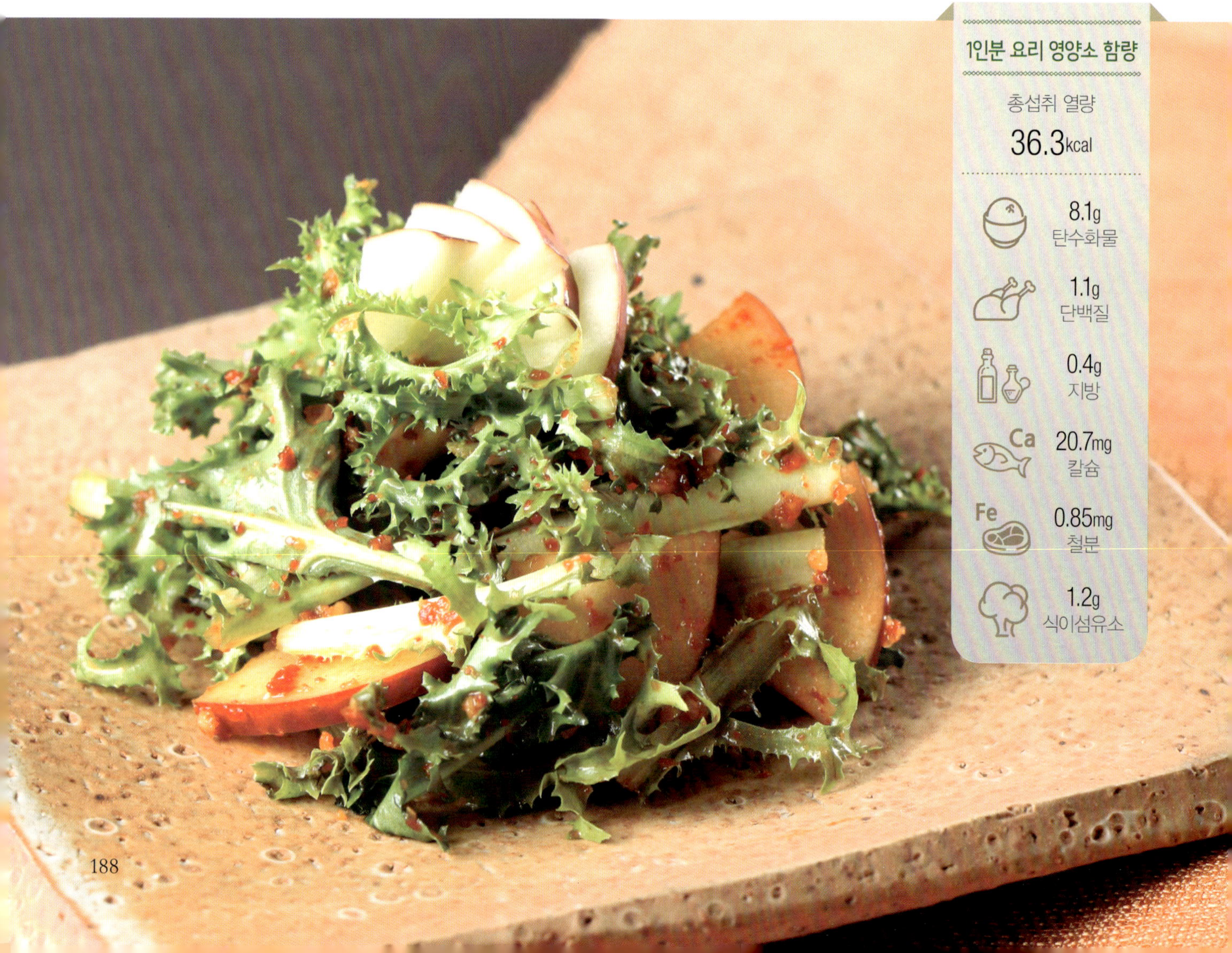

1인분 요리 영양소 함량

총섭취 열량
36.3kcal

- 8.1g 탄수화물
- 1.1g 단백질
- 0.4g 지방
- Ca 20.7mg 칼슘
- Fe 0.85mg 철분
- 1.2g 식이섬유소

1 치커리는 깨끗이 씻어 먹기 좋은 크기로 뜯는다.

2 사과는 부채꼴 모양으로 썬다.

3 양념장을 만든다.

4 치커리와 사과를 섞은 후 양념장으로 버무린다.

 재료

주재료

치커리 ································ 15g
사과 ································· 30g

양념장

식초 ································· 4g
매실청 ······························ 6g
다진 마늘 ··························· 3g
고춧가루 ··························· 약간
통깨 ······························· 약간

TIP

양념장은 먹기 직전에 채소에 버무려야 채소가 아삭아삭하고 물기가 생기지 않아요.

고구마순 들깨 볶음

질기지 않은 고구마순에 고소한 들깨가루를 넣어 볶은 요리로

예로부터 익숙하고 친숙한 고구마순을 사용하여 어르신들에게 즐거움을 더해준다.

 **영양정보**

고구마순의 칼슘 함량은 우유보다 풍부하여 어르신들의 골다공증 예방에 좋다. 고구마순에 풍부한 식이섬유소는 장운동을 촉진시켜 변비 예방에 좋다.

1인분 요리 영양소 함량

종섭취 열량
73.4kcal

	7.0g	탄수화물
	1.8g	단백질
	5.2g	지방
Ca	39.1mg	칼슘
Fe	1.5mg	철분
	2.3g	식이섬유소

1 고구마순은 끓는 물에 소금을 넣고 파랗게 데친 후, 찬물에 헹궈 물기를 짜고 5cm 길이로 썬다.

2 달궈진 팬에 식용유를 두르고 다진 마늘을 먼저 볶다가 고구마순을 넣어 볶는다.

3 고구마순에 진간장과 물을 넣고 약한 불에서 볶는다.

4 익기 시작하면 양파, 들깨가루를 넣고 볶다가, 홍고추를 어슷 썰어서 올린다.

 **재료**

고구마순	40g
양파	10g
홍고추	2g
들깨가루	5g
다진 마늘	2g
진간장	5g
식용유	2g
소금	약간
물	50cc

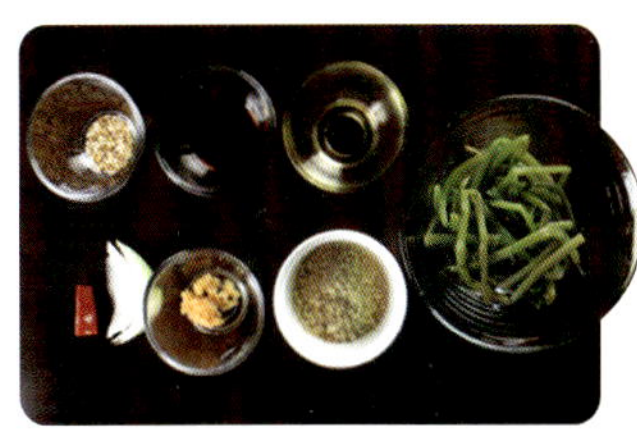

닭가슴살 두반장 볶음

담백한 닭가슴살을 채소와 함께 두반장으로 볶은 요리로 어르신들의 식욕을 돋우고
밥 위에 얹어 덮밥으로 비벼 먹으면 한 끼 식사를 간편하게 할 수 있다.

 **영양정보**

두반장은 콩을 이용하여 만든 붉은 색을 띠는 장 중 하나이다. 두반장 재료인 대두의 지방산은 혈관 벽에 부
착되는 콜레스테롤 농도를 저하시켜 성인병 예방에 도움을 준다.

1인분 요리 영양소 함량

총섭취 열량
198.4kcal

	12.6g	탄수화물
	21.7g	단백질
	12.1g	지방
Ca	51.9mg	칼슘
Fe	0.9mg	철분
	1.4g	식이섬유소

1 닭가슴살은 한입 크기로 썰어 진간장, 맛술, 후춧가루로 밑간을 한다.

2 청경채는 씻어서 한입 크기로 썰고, 양파, 청피망, 홍피망도 먹기 좋게 썰고, 마늘은 채 썬다.

3 달궈진 팬에 식용유를 두르고 중불에서 양파, 마늘, 대파, 굴 소스를 넣고 볶다가 닭가슴살, 두반장을 넣어 한 번 더 볶는다.

4 3에 청피망, 홍피망과 청경채를 넣고 한번 뒤적인 후 불을 끈다.

재료

닭가슴살	50g
청경채	20g
양파	20g
청피망	10g
홍피망	10g
두반장	10g
진간장	2g
후춧가루	약간
맛술	약간
마늘	3g
식용유	5g
굴 소스	3g
대파	약간

TIP

청피망, 홍피망과 청경채는 마지막에 넣어야 색시 변하지 않아요.

고구마 아몬드 맛탕

항산화 성분이 풍부하여 노화 방지에 좋은 아몬드를 넣어서 만든 맛탕은
가을바람이 선선하게 부는 계절에 달콤하고 행복한 맛을 선사한다.

영양정보

고구마에는 카로틴 성분이 풍부하여 야맹증이나 시력 강화에 도움을 준다. 무기질의 일종인 칼륨이 많이 들어있어 체내 여분의 나트륨을 소변과 함께 배출시켜서 고혈압을 비롯한 성인병 예방에 좋다. 또한 고구마에 들어있는 식이섬유소는 배변을 촉진시켜 정장작용에 효과가 있다.

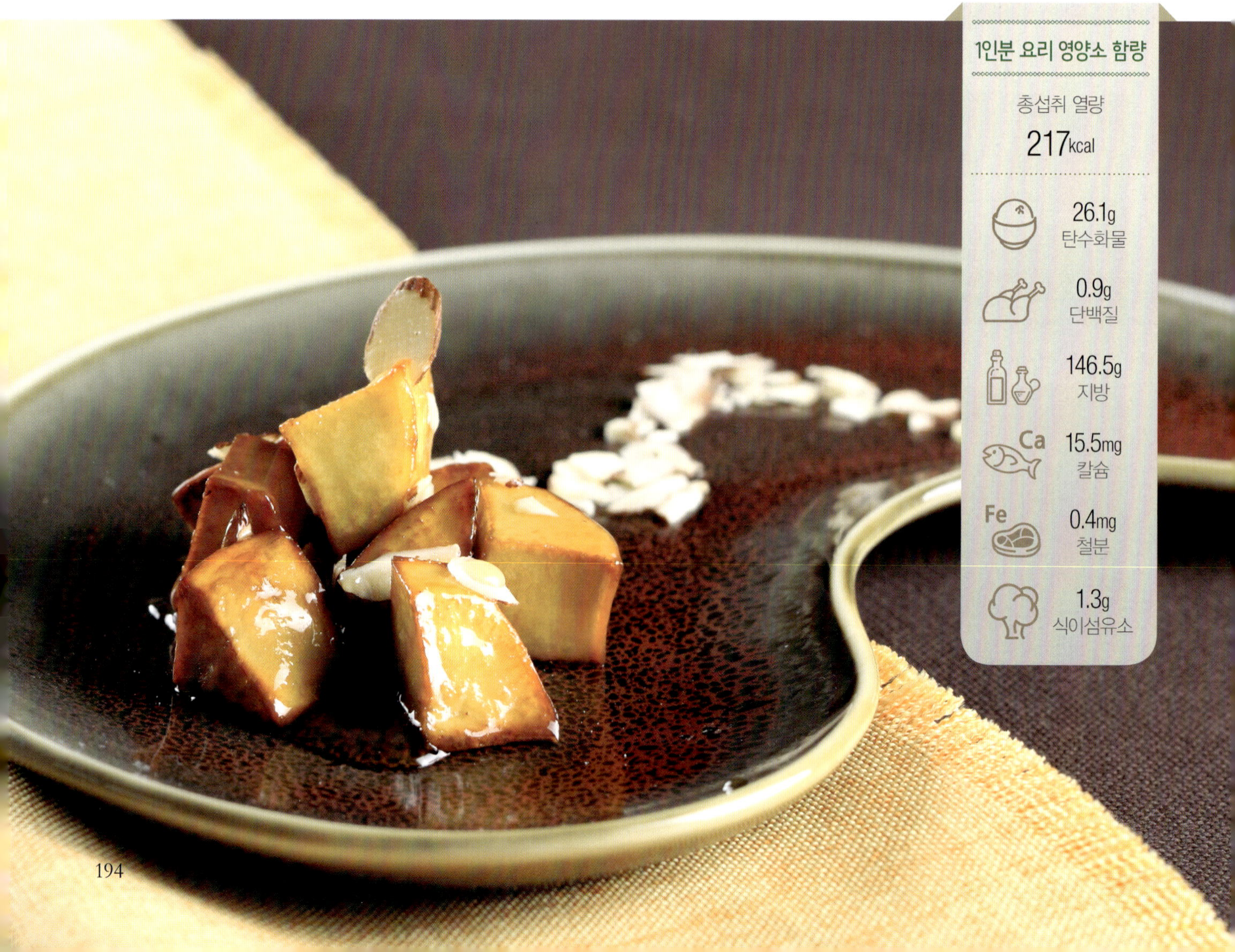

1인분 요리 영양소 함량

총섭취 열량
217kcal

26.1g	탄수화물
0.9g	단백질
146.5g	지방
15.5mg	칼슘 (Ca)
0.4mg	철분 (Fe)
1.3g	식이섬유소

 **재료**

주재료

고구마	50g
식용유	200g
슬라이스 아몬드	약간

맛탕 소스

매실청	5g
황설탕	5g
올리고당	5g

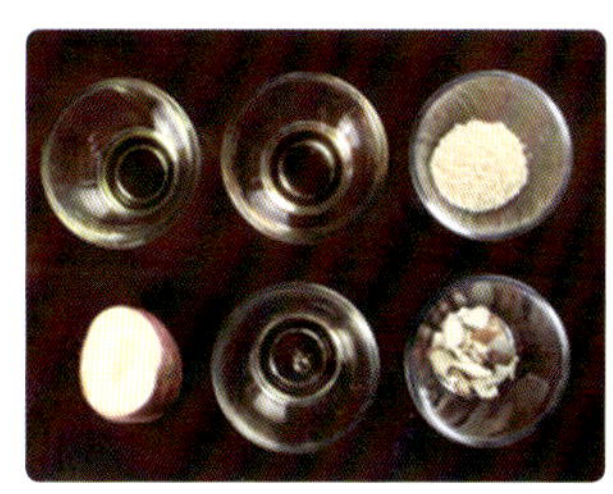

1 고구마는 한입 크기로 썰어 찬물에 담궈 전분기를 뺀다.

2 팬에 식용유를 넣고 고구마를 튀긴다.

3 튀긴 고구마는 키친타올에 얹어서 기름기를 제거한다.

4 소스를 튀긴 고구마에 버무린 후, 아몬드를 뿌린다.

 **TIP**

소스 재료에 과일즙을 넣으면 새콤달콤한 맛을 즐길 수 있어요.

우렁쌈장

우렁이살과 여러 가지 채소에 된장, 고추장을 넣어 조린 양념장으로
입맛이 없을 때 식욕을 돋우는 비빔장으로 사용하고 신선한 채소를 섭취할 수 있다.

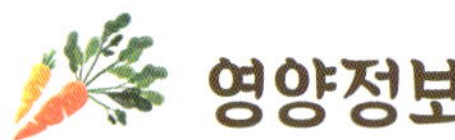

영양정보

우렁이에는 철분이 풍부하여 빈혈 예방에 좋으며 칼슘과 콘드로이틴 황산같은 성분이 많이 함유되어 있어 골격형성을 도와 골다공증 예방에 좋다.

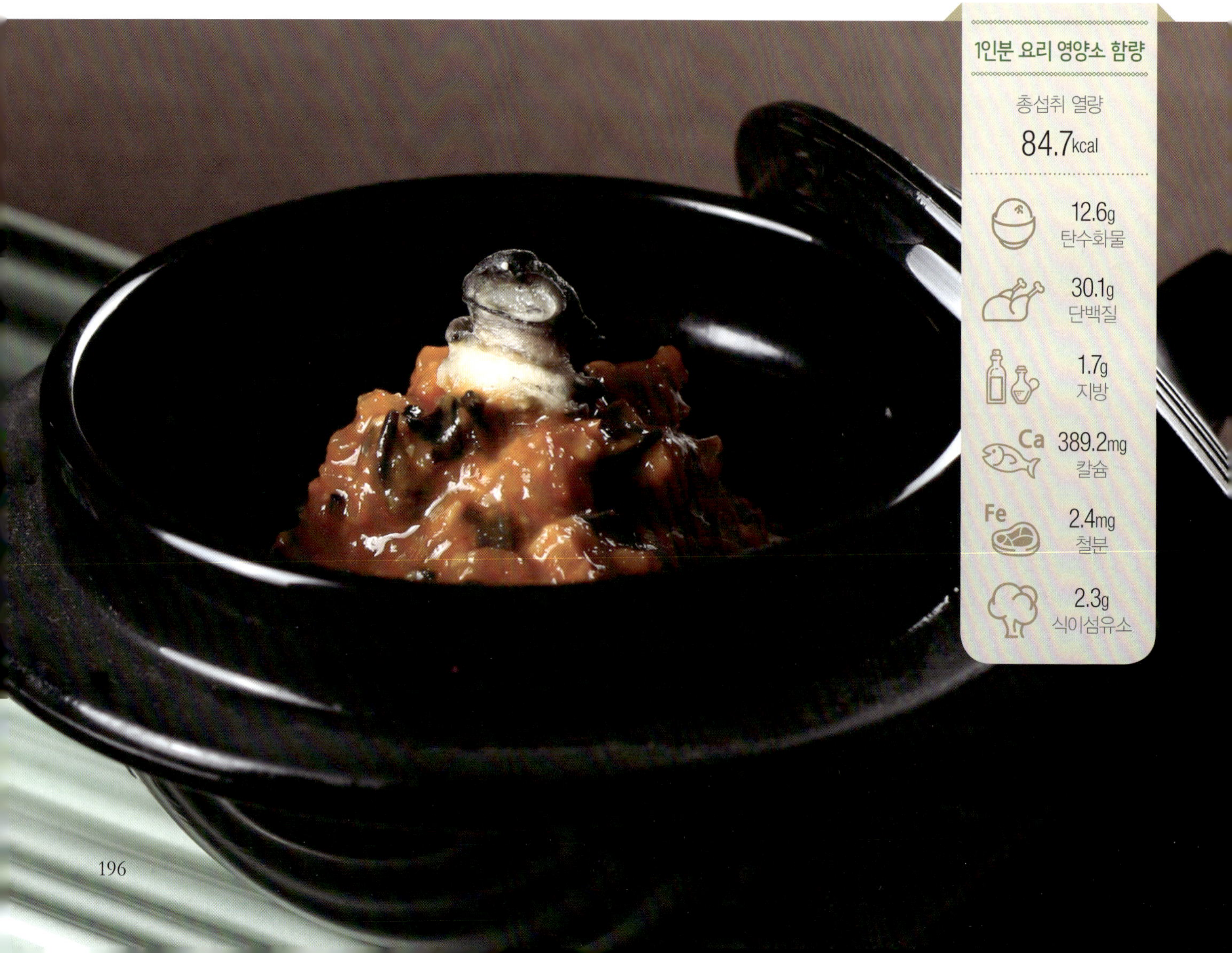

1인분 요리 영양소 함량

총섭취 열량
84.7kcal

12.6g	탄수화물
30.1g	단백질
1.7g	지방
389.2mg	칼슘 (Ca)
2.4mg	철분 (Fe)
2.3g	식이섬유소

1 우렁이, 양파, 대파, 마늘을 잘게
다진다.

2 달궈진 팬에 우렁이, 양파, 대파,
마늘을 볶다가 된장, 고추장을
넣어 볶는다.

3 멸치 육수와 맛술을 부어 중불에서
자작하게 조린다.

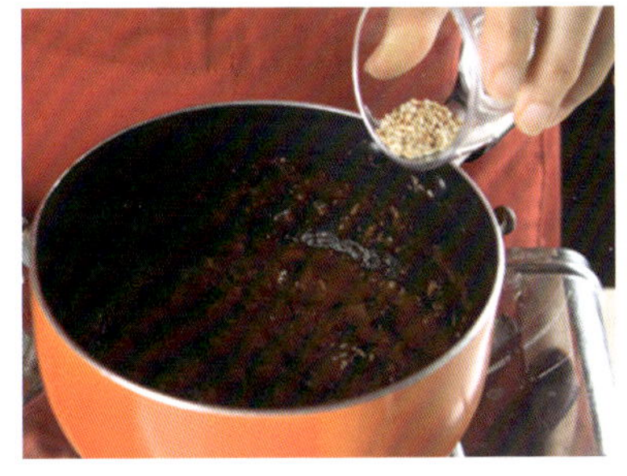

4 조린 후 참기름과 통깨를 뿌려서
섞는다.

 **재료**

주재료

우렁이	30g
맛술	3g
마늘	5g
양파	10g
된장	20g
대파	3g
고추장	10g
통깨	약간
참기름	약간
멸치 육수	30cc

TIP

우렁이는 쌀뜨물에 담갔다가 씻어야 잡내를 제거할 수 있어요.

우엉채 파프리카 볶음

우엉과 파프리카를 함께 볶은 요리로 달콤하고 담백한 맛을 낸다.

 **영양정보**

우엉에 들어있는 당질의 일종인 이눌린은 신장의 기능을 향상시켜 이뇨작용에 효과가 있으며, 식이섬유소는 정장작용과 변비 예방에 도움을 준다.

1인분 요리 영양소 함량

종섭취 열량
88.6kcal

10.1g 탄수화물

2.3g 단백질

5.2g 지방

Ca 32.8mg 칼슘

Fe 0.8mg 철분

2.3g 식이섬유소

1 우엉은 5cm 길이로 채 썰고 식초에 잠깐 담근다.

2 우엉을 3분 정도 삶는다.

3 파프리카, 청피망은 우엉과 같은 길이로 썬다.

4 달궈진 팬에 올리브유를 두르고 우엉, 조림장을 넣어 볶다가 익으면 청피망, 파프리카를 넣어 한 번 더 볶는다.

🔖 재료

주재료

우엉	50g
파프리카	10g
청피망	10g
올리브유	5g
식초	약간

조림장

진간장	5g
다진 마늘	1g
물	30cc
설탕	약간
통깨	약간

TIP

우엉을 볶을 때 물을 섞어 기름 사용량을 줄이면 전체적인 열량을 줄일 수 있고, 우엉도 좀 더 부드럽게 익힐 수 있어 좋아요.

잡채 덮밥

별다른 반찬 없이 입이 즐거운 한 끼 식사로
조금 색다르게 매콤한 맛이 나는 잡채밥으로 어르신들의 식욕을 돋운다.

영양정보

당면은 잡채에서 빠질 수 없는 식재료로, 열량이 높고 포만감을 주어 한 끼 식사대용으로 손색이 없다. 또한 위에 머무는 시간이 적어 소화가 용이하다.

1 당면은 물에 불리고, 파프리카, 양파, 부추는 채 썰고, 마늘은 편으로 썬다.

2 돈육채는 0.1×5cm으로 썰어서 마늘, 간장, 맛술, 후추로 밑간을 한다.

3 달궈진 팬에 고추기름을 두르고 돈육채를 먼저 넣어서 볶다가 당면, 양파, 간장, 굴 소스를 넣어 볶는다.

4 3에 전분 물을 넣고 끓기 시작하면 파프리카와 부추를 넣고, 잡채를 밥 위에 얹은 후 양념장과 곁들어 낸다.

 재료

주재료

쌀	60g
당면	20g
돈육채	20g
파프리카	20g
부추	5g
양파	10g
마늘	5g
전분	5g
물	20cc

양념장

고추기름	5g
간장	5g
굴 소스	8g

짜장밥

면 대신에 밥을 이용한 한 끼 식사로, 충분한 열량과 영양소를 섭취할 수 있다.

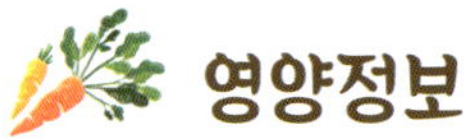

영양정보

춘장은 중화요리에서 사용하는 조미료로, 삶은 대두를 밀가루와 소금으로 발효시켜 만든 중국식 된장이다. 양배추는 비타민C와 칼슘이 풍부하고 칼슘 흡수율이 우수하다. 또한 위 점막을 보호해주며 위궤양에 좋은 식재료이다. 양배추 속에 있는 항암성분과 식이섬유는 항암작용과 면역력을 높여 암 예방에 도움을 준다.

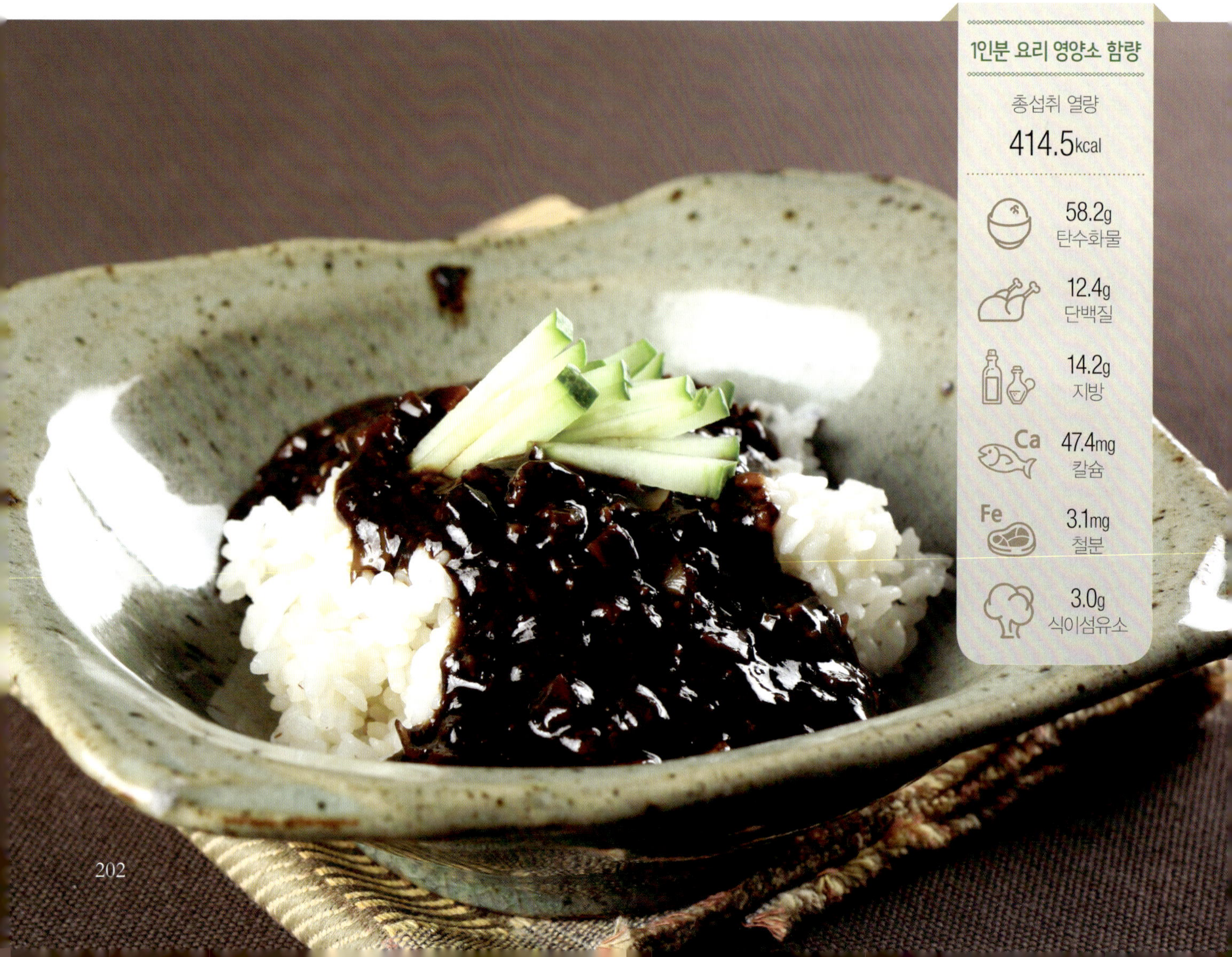

1인분 요리 영양소 함량

총섭취 열량
414.5kcal

- 58.2g 탄수화물
- 12.4g 단백질
- 14.2g 지방
- Ca 47.4mg 칼슘
- Fe 3.1mg 철분
- 3.0g 식이섬유소

1 양배추, 양파, 당근은 잘게 썰고, 오이는 굵게 채 썬다. 팬에 춘장, 식용유, 고춧가루, 황설탕을 두르고 볶는다.

2 볶은 춘장에 다진 쇠고기, 다진 마늘, 다진 대파, 1의 채소를 넣고 볶는다.

3 1과 2에 물을 부어 중불에서 저어가며 더 끓인다.

4 3에 전분 물을 붓고 농도를 맞추어 한소끔 끓인 후, 밥위에 얹어 오이채를 올린다.

재료

주재료

밥	140g
다진 쇠고기	20g
양배추	20g
양파	20g
당근	10g
오이	5g
식용유	15g

짜장 소스

고춧가루	약간
춘장	30g
식용유	10g
황설탕	3g
다진 대파	1g
다진 마늘	1g
전분 물	30cc
물	100cc

TIP

춘장을 약한 불에서 오래 볶으면 떫은맛이 줄어들어 한결 더 맛있어요.

11월 요리
(토마토, 홍합)

　현대인의 질병 원인 중 90%는 활성산소와 관련이 있다고 한다. 환경오염, 스트레스, 자외선, 화학물질 등으로 산소가 과잉생산되어 만들어진 활성산소는 인체에서 산화작용을 일으킨다. 유해 활성산소는 세포나 조직에 손상을 가해 류머티즘성 관절염, 종양 그리고 중추신경계를 포함한 전반적인 노화와 밀접한 관계가 있다. 특히 어르신들의 노화와 관련한 파킨슨병, 근위축성 측색경화증 등과도 연관이 있는 것으로 알려져 있다. 이러한 질병에 걸리지 않으려면 체내 활성산소를 제거해 주는 항산화 물질이 체내에 존재하거나 식품으로 섭취해야 한다. 항산화 물질에는 비타민C, 비타민E, 클로로필, 셀레늄 등이 있으며, 성분들을 음식물로 섭취하면 큰 효과가 있다.

토마토
는 우리말로 '일년감'이라 불리며, 다른 채소와 비교가 안 될 정도로 효과와 성분이 우수하다. 특히 비타민과 무기질 공급원으로 아주 우수한 채소이다. 토마토에는 비타민C, 라이코펜(lycopene), 베타카로틴 등 항산화 성분이 풍부하다. 토마토 한 개에 함유되어 있는 비타민C는 하루 섭취 권장량의 절반가량이 들어있다. 토마토의 붉은 색을 내는 라이코펜은 카로티노이드 일종으로, 빨간 토마토에는 라이코펜 색소가 풍부하다. 라이코펜은 노화의 원인이 되는 활성산소를 제거하는 강력한 항산화 물질로, 전립선암, 유방암, 소화기 계통의 암을 예방하는 데 효과가 있다. 또한, 혈전 형성을 막아주므로 뇌졸중, 심근경색 등을 예방하고, 노화 방지, 혈당 저하 등의 효과도 볼 수 있다. 토마토에 풍부히 들어있는 비타민K는 칼슘이 빠져나가는 것을 막아 골다공증이나 노인성 치매 예방에 좋다. 이뿐 아니라 토마토에는 칼륨이 풍부해 체내 염분을 체외로 배출시켜 고혈압 환자에게 도움을 준다. 토마토에는 수분과 식이섬유가 풍부하여 포만감을 주며, 토마토 1개당 200g 정도로 하면 35kcal 낮은 열량을 함유하고 있어 비만 예방에도 도움을 준다. 또 루틴 성분은 혈압을 낮춰 고혈압 예방에 도움을 준다.

토마토는 생으로 먹는 것 보다 조리해서 먹는편이 라이코펜의 체내 흡수율을 높인다. 토마토에 열을 가하면 토마토 세포벽 밖으로 라이코펜이 빠져나오기 쉬우므로 체내 흡수율이 향상된다. 생 토마토에 비해 토마토 소스에 들어있는 라이코펜의 흡수율은 5배 높다. 또한 토마토의 라이코펜과 지용성 비타민은 올리브유 같은 기름에 익힐 때 흡수가 잘되므로 기름에 볶아서 요리하는 것이 영양소의 체내 흡수력을 더욱 높여준다. 토마토를 주재료로 한 대표적인 음식으로는 토마토 수프, 토마토 샐러드, 토마토 피자, 토마토 베이글 샌드위치, 해물 토마토찜 등이 있다.

홍합은 일명 '참담치' 라고 불리며, 우리 국민들이 즐겨 먹는 식품 중의 하나이다. 날씨가 쌀쌀해지면 까맣고 윤기 나는 껍질 속 주홍빛 살이 통통하게 오른 홍합탕의 따뜻한 국물이 생각난다. 홍합은 암초에 붙어 무리를 지어 서식하며, 늦봄에서 여름 사이인 산란기 동안은 홍합의 맛이 떨어지므로 늦겨울에서 초봄에 홍합의 제철 맛을 즐길 수 있다. 5월에서 9월에 채취한 홍합에는 삭시토닌이라는 독소가 들어 있어 마비와 언어장애를 일으킬 수 있으므로 겨울철에 먹는 것이 안전하다. 홍합 살이 붉은 색이라서 홍합이라고 부르며 말려두었다가 먹기도 한다.

홍합은 단백질이 풍부하고 지방은 적으며 비타민A, B_2, B_{12}, C, E, 오메가-3지방산과 엽산, 철, 셀레늄, 칼슘, 철분 등의 무기질 함량이 높다. 특히 비타민A와 C, 셀레늄과 같이 항산화 효과를 내는 성분이 풍부해 노화를 유발하는 체내 유해 산소를 제거해주는 작용을 하여 노화방지에 효과적이다. 또한 홍합에 풍부하게 들어있는 타우린은 간 기능 회복을 도와 숙취 해소에 도움을 준다. 일반적으로 말린 홍합에는 타우린이 100g당 2,100mg, 단백질 56g, 지방은 10g 가량 들어있다. 특히 혈중 콜레스테롤을 낮추는 양질의 지방산인 불포화지방산을 다량 함유하여 콜레스테롤 수치를 낮춰 동맥경화를 예방하고 알코올성 지방간을 해소하는 효과가 있다. 더욱이 홍합은 몸속에서 병원균의 침입을 막는 항체의 생성을 촉진하는 음식으로, 소화력이 약한 노인이나 어린이들에게 권장하는 식품이다. 이뿐 아니라 철분이 풍부하게 함유되어 있어 빈혈 예방 및 치료하는 데 도움을 준다. 홍합은 바다에서 나는 해산물이지만 염분이 거의 없고 칼륨이 풍부해서 오히려 체내에 축적된 나트륨을 제거해주는 특성이 있다.

싱싱한 홍합을 고를 때는 껍질이 까맣고 윤기가 나며 부서지지 않은 것을 선택한다. 삶기 전에 입이 벌어져 있거나 물이 많이 흐르는 것은 상한 것이니 피하는 것이 좋다. 손질을 할 때는 껍데기 옆 부분으로 튀어나온 수염을 손으로 당겨 제거하거나 가위로 잘라 손질하고, 껍질끼리 비벼가며 겉면에 붙어있는 이물질을 제거한다. 홍합은 감칠맛이 나기 때문에 홍합탕을 만들거나 젓갈로 담그기도 하고, 쪄서 말린 것은 제사장의 탕감으로 쓰거나 조림으로 조리한다.

토마토 달걀볶음

방울토마토에 함유된 라이코펜은 항산화 물질로, 체내의 피로물질을 해소해 나른해진 몸에 활력을 주는 효과가 있으며

어떤 요리에도 맛으로나 색감으로나 사용하기 부담 없고 달걀과 함께 볶으면 쉽고 빠르게 만들 수 있어 좋다.

 ## 영양정보

영국 속담에 '토마토가 빨갛게 익을수록 의사의 얼굴은 파래진다.' 라고 하는 것처럼 토마토의 영양학적 가치는 매우 우수하다. 토마토의 붉은 색소인 라이코펜은 강력한 항산화 물질로 베타카로틴의 약 2배의 항산화 작용을 한다. 또한 노화방지, 암 예방에 탁월하며 피로 회복에 좋을 뿐 아니라 혈압을 낮추고 동맥경화 예방에도 도움을 준다.

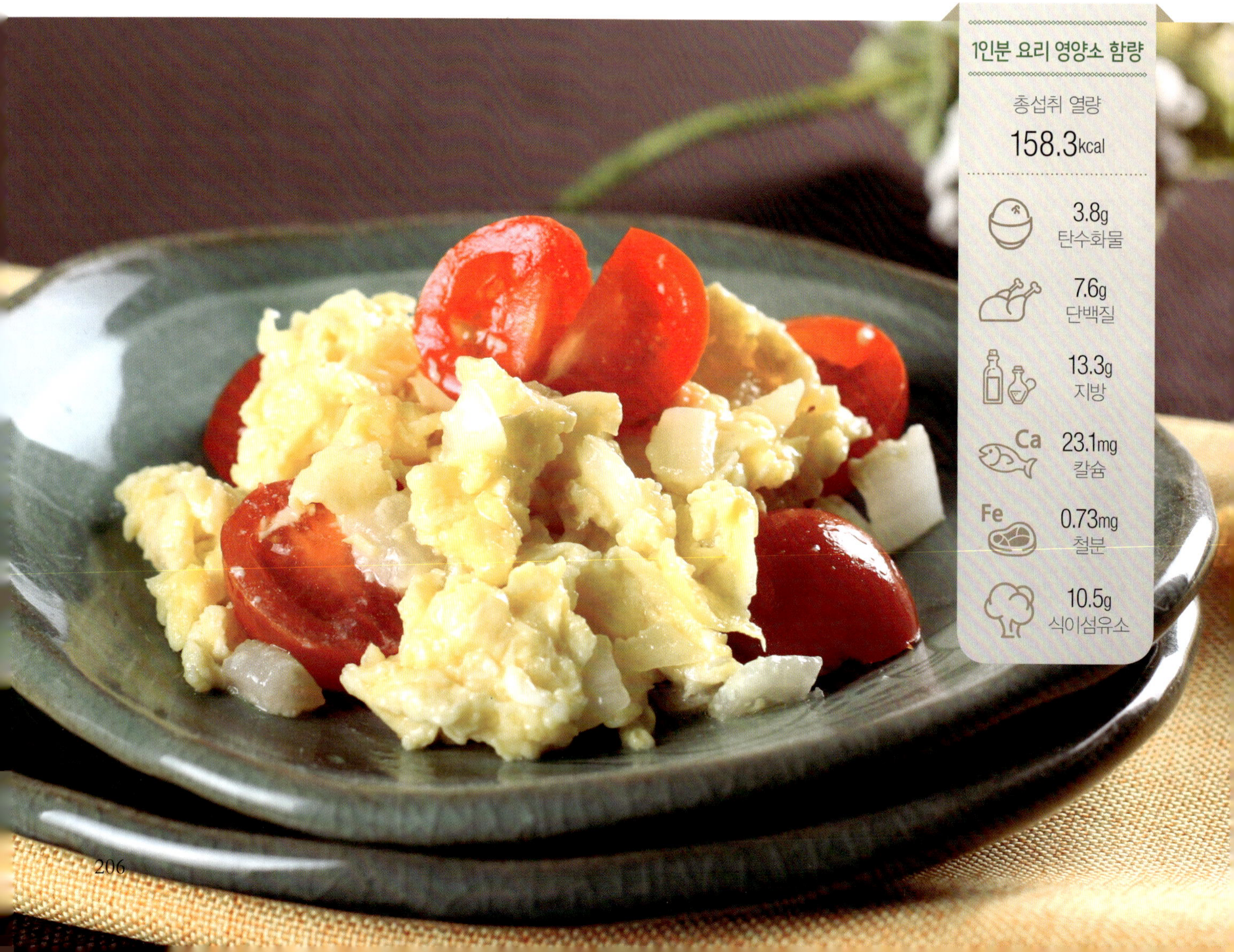

1 달걀을 그릇에 잘 풀어 소금으로 간을 한다.

 **재료**

방울토마토	30g
달걀	4/5개
양파	20g
올리브유	10g
소금	약간

2 양파는 사각으로 잘게 썰고 방울토마토는 절반으로 자른다.

3 올리브유를 두른 팬에 양파를 먼저 볶다가 반쯤 익으면 달걀을 넣고 볶는다.

4 마지막으로 방울토마토를 넣고 볶는다.

 **TIP**

달걀 풀은 물을 볶을 때는 중불에서 젓가락으로 저으면서 익히는 것이 좋아요.

방울토마토 발사믹 샐러드

특별한 재료 없이 발사믹 식초 하나로 만든 간편하고 맛있는 샐러드로
발사믹 식초 드레싱에 방울토마토와 브로콜리 등 채소의 식감을 더하여 건강과 맛 지수를 높이면서 영양균형에 도움을 준다.

영양정보

방울토마토를 올리브유에 볶으면 토마토에 들어있는 라이코펜의 흡수를 도와 준다. 올리브유는 비타민E, 폴리페놀 성분을 많이 함유하고 있어 노화 예방에 좋다.

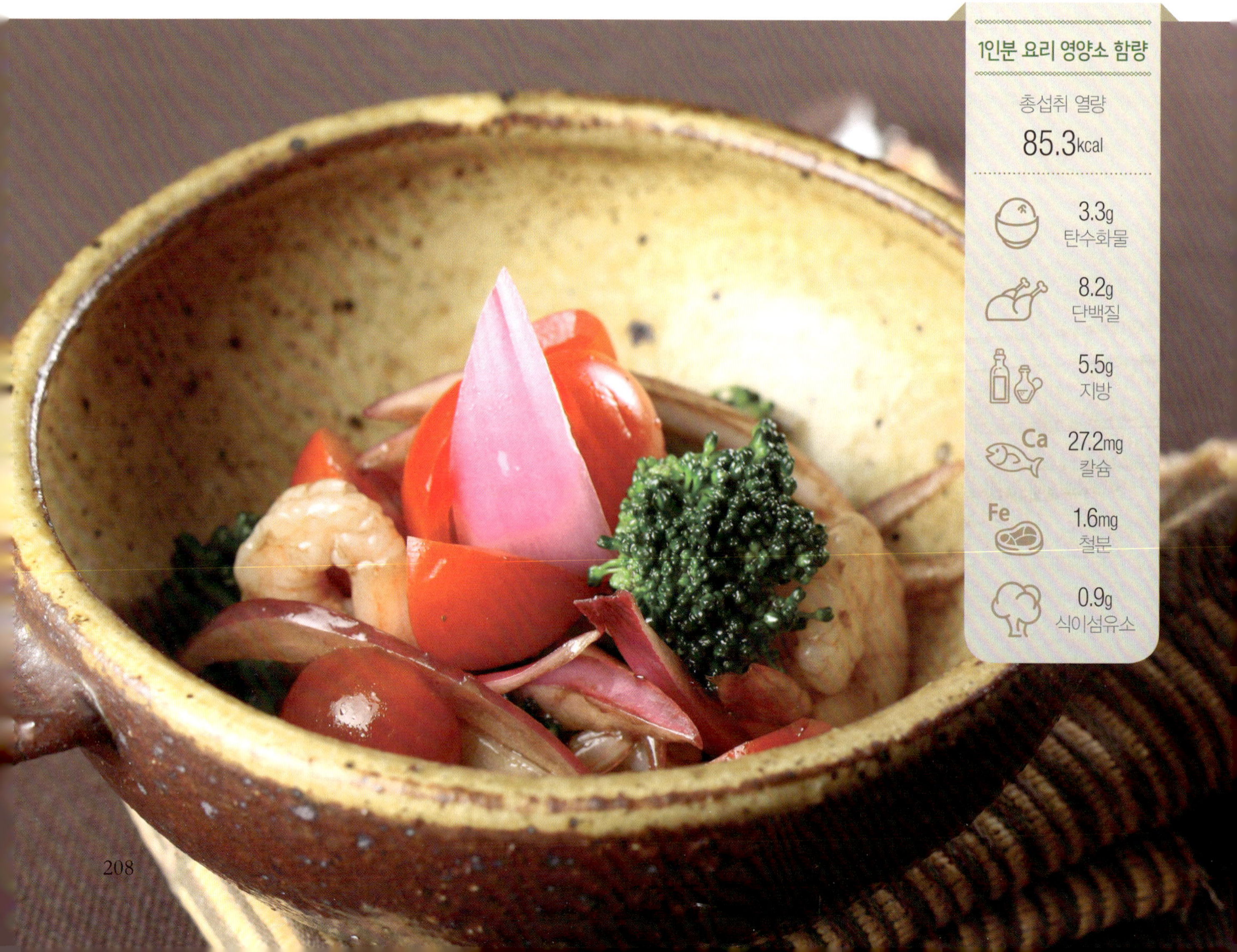

1인분 요리 영양소 함량

총섭취 열량
85.3kcal

3.3g	탄수화물
8.2g	단백질
5.5g	지방
27.2mg	칼슘
1.6mg	철분
0.9g	식이섬유소

1 방울토마토는 씻어서 반으로 썰고 자색 양파는 채 썬다.

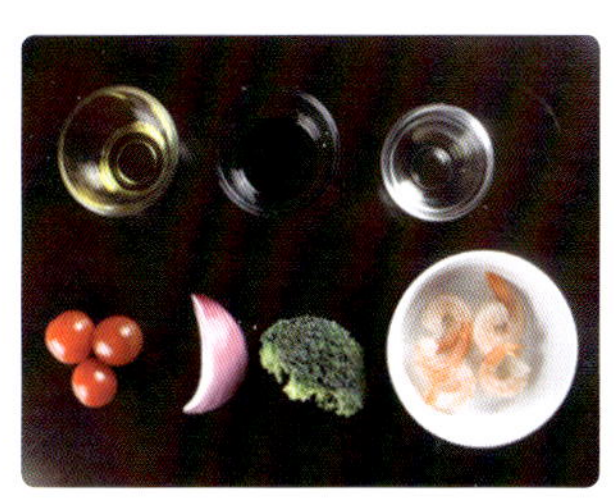 재료

주재료

방울토마토	····················	30g
깐 새우살	····················	20g
브로콜리	····················	20g
자색 양파	····················	10g

발사믹 드레싱

발사믹 식초	····················	10g
식초	····················	3g
올리브유	····················	5g

2 브로콜리와 깐 새우살은 손질하여 데친다.

3 발사믹 식초, 식초, 올리브유를 섞어 발사믹 드레싱을 만든다.

4 방울토마토, 자색 양파, 브로콜리, 깐 새우살에 발사믹 드레싱을 넣고 버무린다.

땅콩 홍합초

겨울철에 빼놓을 수 없는 간식인 땅콩과 홍합으로 요리한 땅콩 홍합초는
반찬가짓수를 늘리지 않아도 한 끼 식사를 맛있게 먹을 수 있는 밥반찬으로 안성맞춤이다.

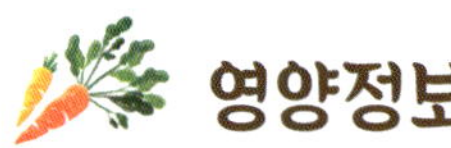

영양정보

땅콩의 단백질은 글로불린으로 육류와 치즈보다 많이 함유되어 있으며, 지질이 45% 이상 들어 있다. 땅콩 10알을 섭취하면 비타민E의 1일 필요량을 충족시킬 수 있다. 홍합은 살을 삶아 말린 것을 담채라고 하며 물에 불려 삶아서 윤기 나게 조리하는 것을 홍합초라고 한다.

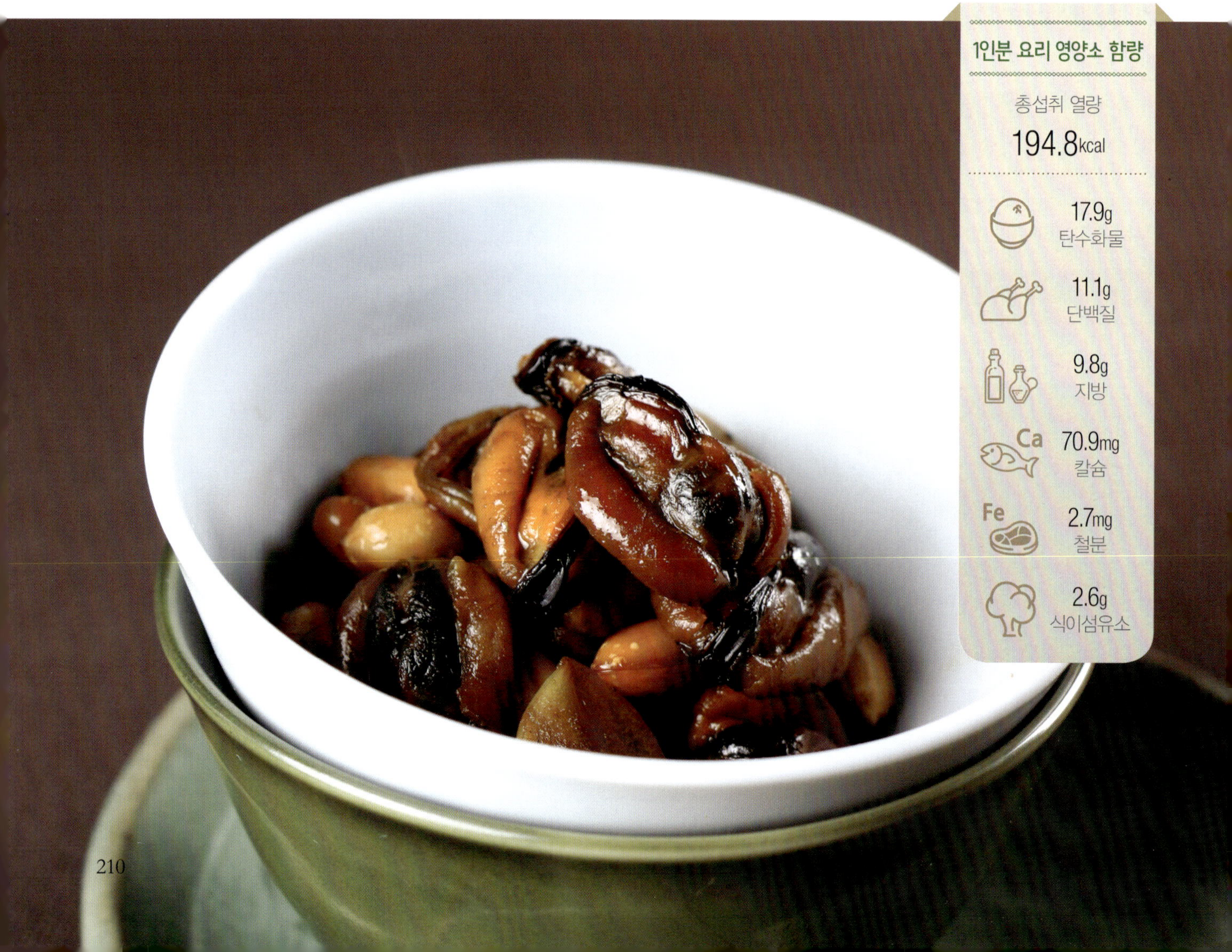

1인분 요리 영양소 함량

총섭취 열량
194.8kcal

탄수화물	17.9g
단백질	11.1g
지방	9.8g
칼슘 (Ca)	70.9mg
철분 (Fe)	2.7mg
식이섬유소	2.6g

1 건홍합살은 이물질을 제거하고 미리 만들어 놓은 육수에 넣고 30분 정도 불린다.

2 진간장, 물엿, 맛술, 생강, 통마늘과 대파는 크게 썰어 1에 넣고 끓이기 시작한다.

3 2가 끓기 시작하면 중간 불에서 조린 후, 생강과 대파는 건진다.

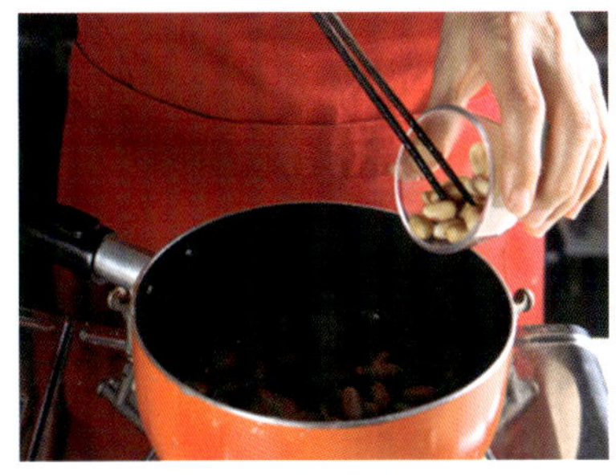

4 깐 땅콩을 넣고 중불에서 자작자작할 때까지 조린다.

🍲 재료

건홍합살	30g
깐 땅콩	20g
통마늘	10g
대파	3g
생강	5g
진간장	5g
물엿	10g
맛술	2g

육수

육수용 멸치	5g
건다시마	1g
건새우	3g
물	200cc

TIP

육수용 멸치는 키친타올에 올려 전자레인지에서 1분 정도 돌리면 비린내를 제거할 수 있어요.

배추 카레전

배추 잎에 고소한 카레가 어우러져 배추 특유의 단맛과 카레의 매콤한 맛이 잘 어울리고
배추전 테두리의 바삭바삭한 식감도 즐길 수 있다.

 **영양정보**

카레를 즐겨 먹는 인도 사람의 경우, 노인성 치매 발생률이 미국인의 4분의 1에 불과한 것으로 알려졌다. 카레의 주원료인 강황 성분인 커큐민을 비롯해 여러 가지 향신료 성분은 항산화 및 항암 효과가 있을 뿐만 아니라 치매 예방 및 기억력 향상에 좋다.

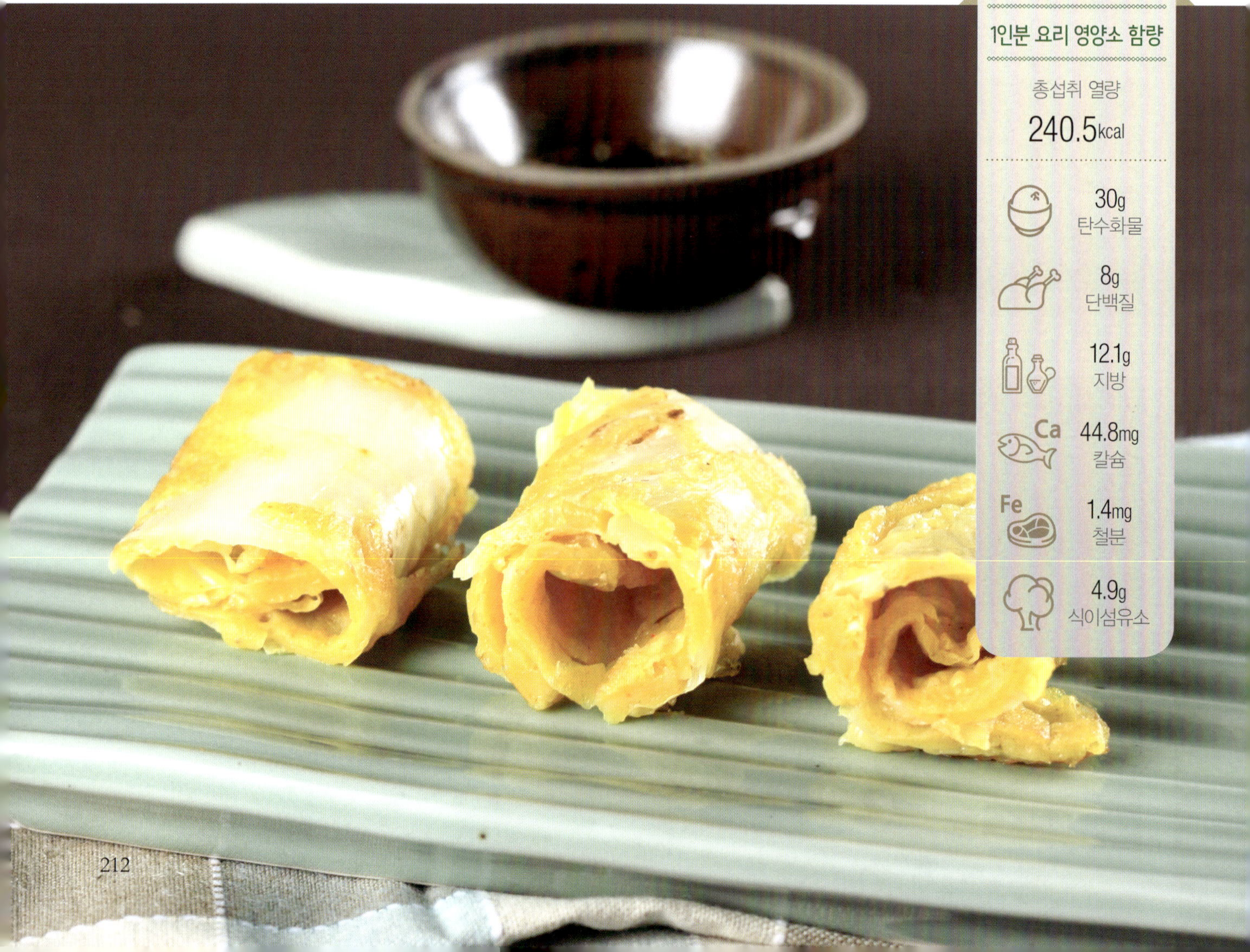

1 배추는 깨끗이 씻어 물기를 뺀 후 밑동을 자르고, 단단한 줄기부분은 자근자근 두드려 납작하게 한다.

2 부침가루와 카레가루에 찬물을 넣어 반죽을 만든다.

3 배추 잎에 반죽을 골고루 잘 묻힌 후, 식용유를 두른 팬에 지진다.

4 배추 카레전에 초간장을 함께 곁들인다.

 ## 재료

주재료

배추	50g
부침가루	30g
카레가루	10g
식용유	10g

초간장

식초	2g
진간장	10g

TIP

반죽 만들 때 카레가루 대신 메밀가루를 넣으면 다른 맛을 즐길 수 있어요.

비트 청포묵 무침

담백하고 맛있는 청포묵은 말랑말랑한 식감으로 치아가 좋지 않은 어르신들의 입맛을 살리며

소화에 도움을 주고 비트 물을 물들인 보들보들한 청포묵무침은 칼로리가 낮아 체중조절 식품으로도 안성맞춤이다.

영양정보

라이신, 발린 등과 같은 필수아미노산과 단백질이 풍부히 들어있는 청포묵과 비타민을 많이 함유한 비트를 같이 먹으면 서로 부족한 영양소를 보충할 수 있다. 비트는 선명한 진홍색과 특유의 단맛을 가지고 있으며, 비트에 포함되어 있는 철분은 빈혈 예방에 효과가 있다.

1인분 요리 영양소 함량
총섭취 열량
62.3kcal
9.0g 탄수화물
2.2g 단백질
2.6g 지방
Ca 45.3mg 칼슘
Fe 2.6mg 철분
1.5g 식이섬유소

1 비트를 채 썰어서 물에 담가 붉은물을 우려낸 후, 청포묵을 4×4×1cm 크기로 썰어 비트 물에 30분 정도 담근 후, 물이 들면 체에 밭친다.

2 양파는 채 썰어서 팬에 볶는다.

3 숙주나물과 미나리는 깨끗이 다듬어 데치고, 5cm로 자른다.

4 청포묵, 볶은 양파, 숙주나물, 미나리에 진간장, 참깨, 참기름을 넣어 부서지지 않게 살살 버무린다.

 재료

청포묵	50g
비트	50g
숙주나물	20g
양파	20g
미나리	5g
진간장	2g
참깨	약간
참기름	약간

양파 장아찌

양파의 매운 맛을 빼고 새콤달콤하게 만들었으며, 한번 담그면 오래 먹을 수 있고
양파 장아찌를 담가 두었던 간장은 고기 양념장, 샐러드 소스 등에 사용할 수 있다.

영양정보

양파 특유의 매운 맛과 자극적인 냄새는 함황화합물 성분으로 소화액의 분비를 촉진하고 신진대사를 원활하게 하는 효과가 있다. 양파는 칼로리가 낮고 체내 콜레스테롤을 배출시켜 고지혈증 예방에 도움을 준다.

1인분 요리 영양소 함량

총섭취 열량
50.3kcal

	12.2g	탄수화물
	1.4g	단백질
	0.1g	지방
Ca	25mg	칼슘
Fe	0.5mg	철분
	0.8g	식이섬유소

1 양파는 먹기 좋은 한입 크기로 썬다.

 **재료**

양파		40g
진간장		10g
황설탕		7g
식초		7g
건다시마		2g
물		50cc

2 물, 건다시마, 진간장, 황설탕을 냄비에 담고 한소끔 끓으면 중불로 줄이고 건다시마는 건진 후, 조려서 절임간장을 만든다.

3 절임간장에 식초를 넣고 한소끔 끓인 후 식힌다.

4 양파를 그릇에 담고 절임간장을 부어 실온에서 하루동안 놓았다가 냉장고에 보관한다.

오징어 콩나물 무침

콩나물과 미나리를 넣어 시원한 맛을 느낄 수 있는 오징어 콩나물 무침은 어르신들의 입맛을 돋운다.

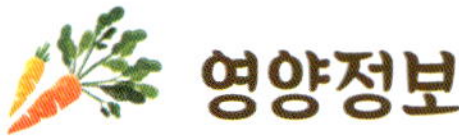

영양정보

콩나물에는 단백질, 탄수화물, 올리고당 등 여러 가지 영양소가 풍부하며, 콩에 없는 비타민 C가 함유되어 있다. 오징어에는 타우린 성분이 풍부하여 심장병, 고혈압, 당뇨병과 같은 성인병 예방에 도움을 주고, 간장 해독에도 좋은 식재료이다.

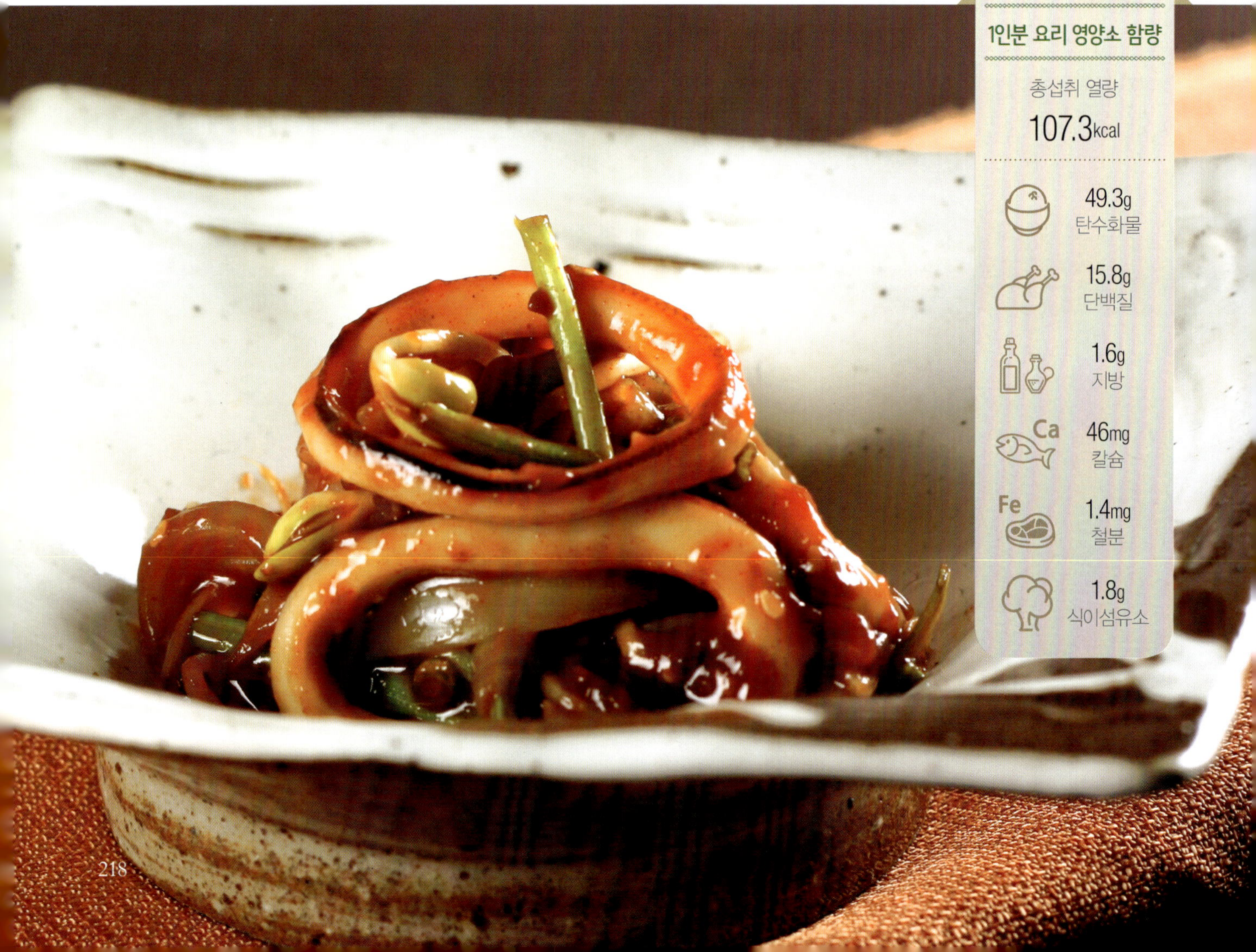

1인분 요리 영양소 함량

총섭취 열량
107.3kcal

49.3g	탄수화물
15.8g	단백질
1.6g	지방
46mg	칼슘
1.4mg	철분
1.8g	식이섬유소

1 오징어는 손질하여 링으로 썰어 살짝 데치고, 두절 콩나물도 데친다.

2 양념장을 만든다.

3 양파, 미나리를 넣고 볶다가, 오징어와 두절 콩나물을 넣어 잘 버무린다.

4 버무린 후에 전분 물을 넣어 걸쭉해지도록 볶은 후, 참기름으로 마무리 한다.

 **재료**

주재료

오징어	40g
두절 콩나물	30g
미나리	5g
양파	20g
전분 물	2cc
참기름	약간

양념장

진간장	5g
고추장	10g
매실청	5g
올리고당	5g
통깨	약간

주꾸미 돼지불고기

신선한 주꾸미와 불고기를 매콤하고 달콤한 양념장으로 볶은 요리로
센 불에서 재빨리 볶으면 주꾸미의 쫄깃한 식감을 살릴 수 있다.

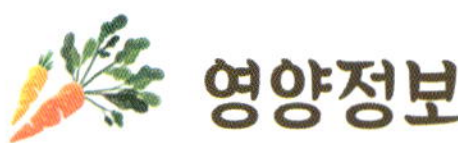

영양정보

주꾸미는 DHA 등 불포화지방산을 다량 함유하고 있어 혈중 콜레스테롤 수치를 감소시키고, 피로회복을 돕는 타우린을 다량 함유하고 있다. 또한 주꾸미는 지질이 1% 정도 밖에 되지 않아 체중조절에도 좋다.

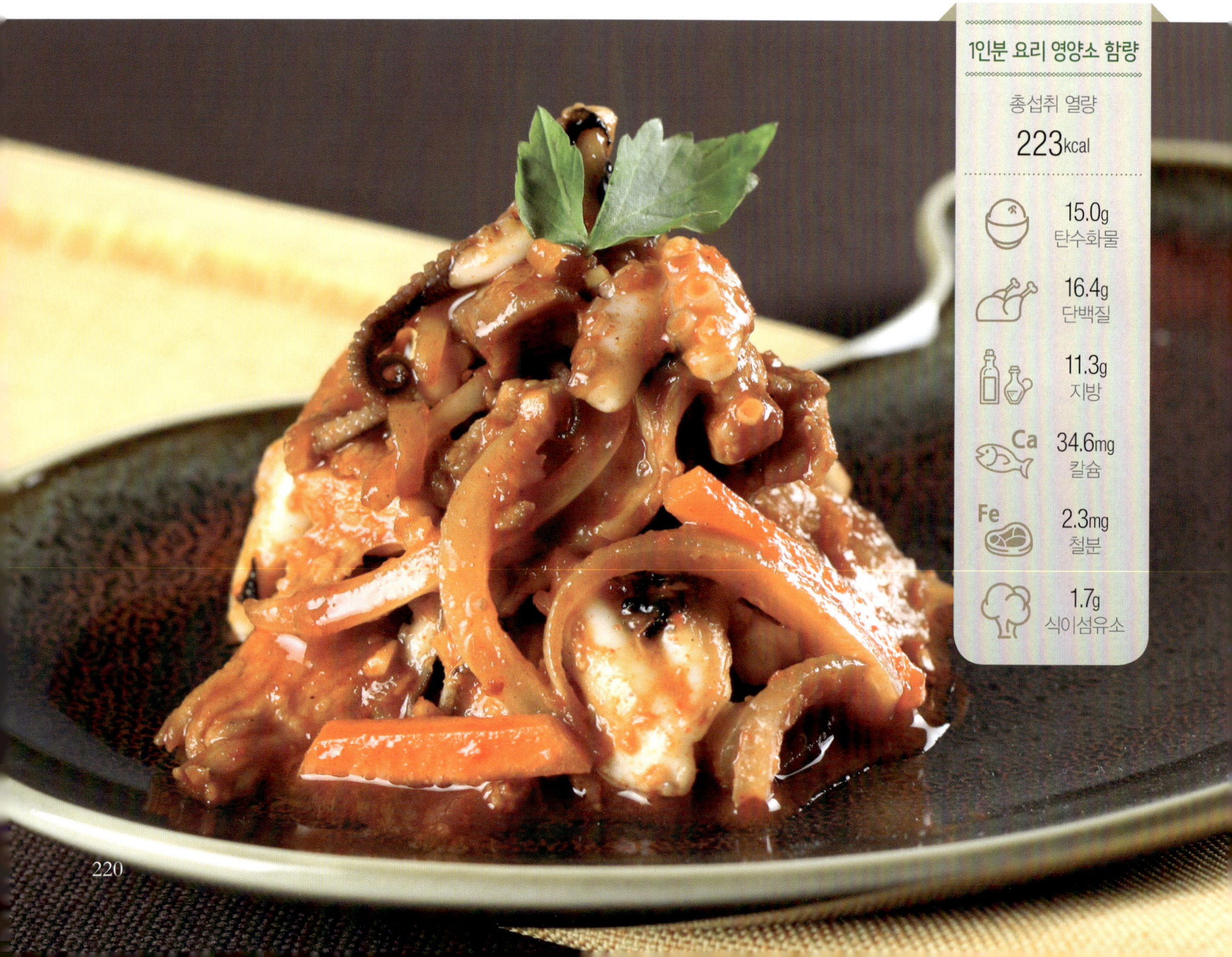

1인분 요리 영양소 함량

총섭취 열량
223kcal

15.0g	탄수화물
16.4g	단백질
11.3g	지방
34.6mg	칼슘 (Ca)
2.3mg	철분 (Fe)
1.7g	식이섬유소

1 양념장의 1/2을 돼지불고기에 넣고 밑간을 한다.

2 주꾸미는 손질하여 먹기 좋은 크기로 썬다.

3 양파와 당근은 채 썬다.

4 달군 팬에 돼지불고기를 넣고 볶다가, 주꾸미와 채소를 넣는다. 남은 1/2의 양념장을 넣고 볶다가 통깨를 뿌린다.

재료

주재료

주꾸미	30g
돼지불고기	60g
양파	20g
당근	5g
통깨	약간

양념장

고추장	15g
고춧가루	3g
생강즙	5g
다진 마늘	5g
진간장	2g
황설탕	3g
참기름	약간

 **TIP**

돼지고기와 주꾸미는 익는 시간이 다르니 한번에 볶으면 주꾸미가 질겨져요.

주꾸미는 가위로 머리 안의 내장을 제거한 후, 밀가루를 넣어 빡빡 문질러 가면서 씻어요.

12월 요리
(요구르트, 콩)

추운 날씨로 인해 체온이 떨어지면 혈액 순환도 느려지고 장기 기능이 떨어져 위장장애가 일어나기 쉽다. 또한, 우리 몸의 면역세포들은 적정 체온인 36.5℃ 이상에서 잘 활동할 수 있게 맞춰져 있어서 체온이 떨어지면 외부의 세균이나 바이러스 침입 등에 의한 면역력 저하가 일어날 수 있다. 따라서 면역력이 약한 어르신들에게 면역력 향상에 좋은 요구르트와 콩에 대해 알아보고자 한다.

요구르트 는 떠먹는 요구르트를 말하며 우유를 발효시켜 만든 유제품으로, 유산균이 풍부하여 장의 연동운동을 도와 장 관련 질환 및 변비를 예방하는 식품으로 각광받고 있다. 요구르트는 우유나 탈지우유에 유산균을 넣어 발효시킨 것으로 우유의 영양 외에 유산균으로부터 얻는 건강증진 효과를 기대할 수 있다. 요구르트에 들어있는 유산균은 병원균이나 유해균의 발육과 번식을 막아 장을 깨끗하게 하는데 도움을 준다. 이뿐 아니라 유산균의 일종인 비피더스균은 장안에서 활발히 증식하여 위암이나 직장암을 예방하고 혈중 콜레스테롤을 감소시키는 데 효과적이다. 한편 유당불내증 환자에게 요구르트가 좋은 까닭은 유산균에 의해 유당이 분해되어 소화가 잘 되고 부담 없이 먹을 수 있기 때문이다. 우유를 원재료로 사용해 만들기 때문에 칼슘의 좋은 급원이기도 한다. 또한 유산균이 면역세포의 분열, 증식을 도와 체내 면역력을 높이는 데 도움을 준다.

하지만, 시중에서 판매하고 있는 유산균과 프로바이오틱이 풍부하게 들어있는 요구르트는 건강에 좋다고 알려져 있으나 설탕과 합성착향료가 함유되어 있다. 고과당 콘시럽을 뺀 제품도 판매되지만 설탕과 합성착향료가 함유되어 있는 제품의 종류가 더 많다. 따라서 가볍게 먹는 것 같지만 실제로 칼로리가 꽤 높은 편으로 비만을 초래할 수 있으니 주의해야 한다.

최근에는 일반 요구르트와는 달리 당분이나 과일 성분 등 다른 것을 첨가하지 않은 자연 그대로의 플레인 요구르트의 인기가 매우 높다. 플레인 요구르트는 100g당 60kcal 정도로 열량이 낮다. 플레인 요구르트의 효과로는 장과 관련된 암을 예방해주며 특히, 비피더스균이 풍부한 요구르트는 장까지 살아 들어가 장 운동을 돕고 암세포가 생기거나 증식되는 것을 차단하는 효과가 있다. 특히 소화기능이 떨어지고 원활한 배변이 어려운 어르신들에게 좋은 식품이다.

그릭 요거트는 김치, 렌틸콩, 낫토, 올리브유와 함께 세계 5대 슈퍼푸드 중 하나로, 농축 요거트의 한 종류로 높은 단백질 함량이 특징이다. 일반 불가리식 요구르트의 경우 단백질 함량이 3~4% 수준인 반면 그릭 요거트의 경우 6%에서 많게는 12%까지 단백질을 함유하고 있다. 단백질과 칼슘이 2~3배 이상 높아 면역력을 높여주고 장과 뼈 건강에 도움을 준다. 또한 적은 양을 섭취해도 포만감이 있어서 다이어트에 효과적이다. 그릭 요거트는 원유를 오래 동안 가열하여 농축시킨 뒤 유산균을 첨가하고 온도에 맞춰 발효시키거나, 발효시킨 요구르트를 면포에 싸서 짜는 방법 등으로 제조한다. 그릭 요거트는 제조 과정에서 유청이 제거되므로 신맛이 나고 질감이 단단하며 진한 맛의 특징을 갖고 있다.

콩은 예로부터 '밭에서 나는 쇠고기'라고 불리는 단백질 함량이 높은 식품으로, 우리 국민들에게는 저렴하면서도 질 좋은 단백질 급원식품이다. 콩은 각종 성인병의 원인이 되는 혈중 콜레스테롤을 낮춰 동맥경화, 심근경색, 뇌졸중, 고혈압 등의 예방과 당뇨병, 간장병에 탁월한 효과 및 항암작용이 우수하다고 알려져 있다. 특히 콩 단백질은 동물성 단백질에 비해 콜레스테롤 저하효과가 높은 것으로 알려져 있다. 콩은 대표적인 건강 식품소재로 단백질 40%, 지질 20%, 탄수화물 35% 정도를 함유하고 있고 다른 곡류에 비해 단백질과 지질 함량이 높아 영양이 우수하다. 특히 리신의 함량이 풍부하여 밀가루와 혼합사용 시 밀가루에 부족한 리신을 보완해줄 수 있다. 뿐만 아니라 콩에는 이소플라본, 올리고당, 사포닌 등의 생리활성 물질이 들어 있어 성인병 예방 효과가 우수한 것으로 알려져 있다. 이소플라본은 여성호르몬인 에스트로겐과 구조가 비슷하여 식물성 에스트로겐이라 불리기도 하며, 골다공증, 암, 심혈관질환, 당뇨 등의 질병 예방 효과가 있다. 콩에 들어있는 기능성 성분인 올리고당은 장내 유해 세균 억제 및 변비 예방 효과가 있다. 사포닌은 산화반응을 막는 물질로 암세포의 성장을 억제하는 효과가 있어 콩 섭취의 중요성이 날로 높아가고 있다.

검정콩은 일반 콩에 비해 노화방지 효과가 탁월하고 성인병 예방과 다이어트에 효과가 있어서 건강식품으로 각광받고 있다. 검정콩에는 흑태, 서리태, 서목태 등이 있다. 흑태는 크기가 가장 큰 검정콩이며, 콩밥이나 콩자반 등에 사용된다. 서리태는 겉은 검은빛을 띠지만 속이 파란 것이 특징이며 콩떡이나 콩자반 등에 사용된다. 서목태는 다른 콩보다 크기가 작아 마치 쥐눈처럼 보인다고 하여 쥐눈이콩이라고 하며 약콩이라고도 부른다. 콩은 그대로 먹는 것보다 볶아서 먹는 것이 이소플라본 효과를 높일 수 있다. 콩가루는 탈지한 대두박이나 탈지하지 않은 콩을 미세하게 분쇄하여 분말화한 것으로, 글루텐을 함유하지 않고 단백질 함량이 많다는 면에서 밀가루와 구분하고 섬유소가 함유되어 있다는 면에서 탈지분유와도 다르다.

요거트 과일 샐러드

요구르트를 드레싱으로 한 요거트 과일 샐러드는 만들기도 쉽고 상큼한 맛이 나며
겨울철 어르신들에게 부족하기 쉬운 비타민과 유산균을 제공한다.

 **영양정보**

요거트는 단백질과 칼슘이 풍부하며 면역력을 증가시키고 장을 건강하게 하는 효과가 있다. 특히 요거트에
함유되어 있는 유산균은 장내 유해세균이 성장할 수 없는 환경을 만드는 효과가 있다.

1인분 요리 영양소 함량

총섭취 열량
113.7kcal

25.2g	탄수화물
5.3g	단백질
1.2g	지방
Ca 91.5mg	칼슘
Fe 1.7mg	철분
4.4g	식이섬유소

12月

1 사과, 바나나, 단감은 깍둑썰고
방울 토마토는 1/2로 자른다.

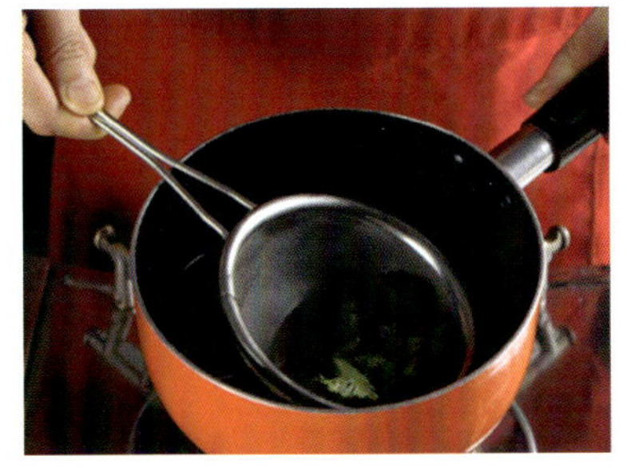

2 브로콜리는 한입 크기로 잘라
데친다.

3 볼에 사과, 바나나, 단감, 브로콜리
를 담고 플레인 요구르트와 꿀을
섞어 얹는다.

4 건포도를 올려 장식한다.

재료

플레인 요구르트	30g
단감	10g
사과	20g
방울토마토	20g
바나나	20g
브로콜리	30g
건포도	5g
꿀	5g

TIP

브로콜리를 데칠 때 소금을 넣고 데치면 색이 선명해져요.
플레인 요구르트 대신 꿀이나 메이플 시럽을 사용해도 좋아요.

배추 콩가루 국

쌀쌀해진 겨울 날씨에 고소한 배추와 콩가루가 어우러져 속이 시원하면서 머리를 맑게 해주고
어르신들의 몸을 따뜻하게 해주며 된장을 넣어 푸근한 맛으로 밥맛을 좋게 해준다.

 ## 영양정보

배추는 각종 비타민을 풍부하게 함유하여 버릴 것이 없는 채소이다. 또한, 식이섬유소를 많이 함유하여 변의
양을 증가시키며, 장 운동을 촉진 시킴으로써 정장작용에 효과가 있다. 한편, 콩가루는 된장국과 무침요리에
어울리는 웰빙식품으로 식이섬유소를 다량 함유하여 변비와 치질 질환 예방 효과가 있다.

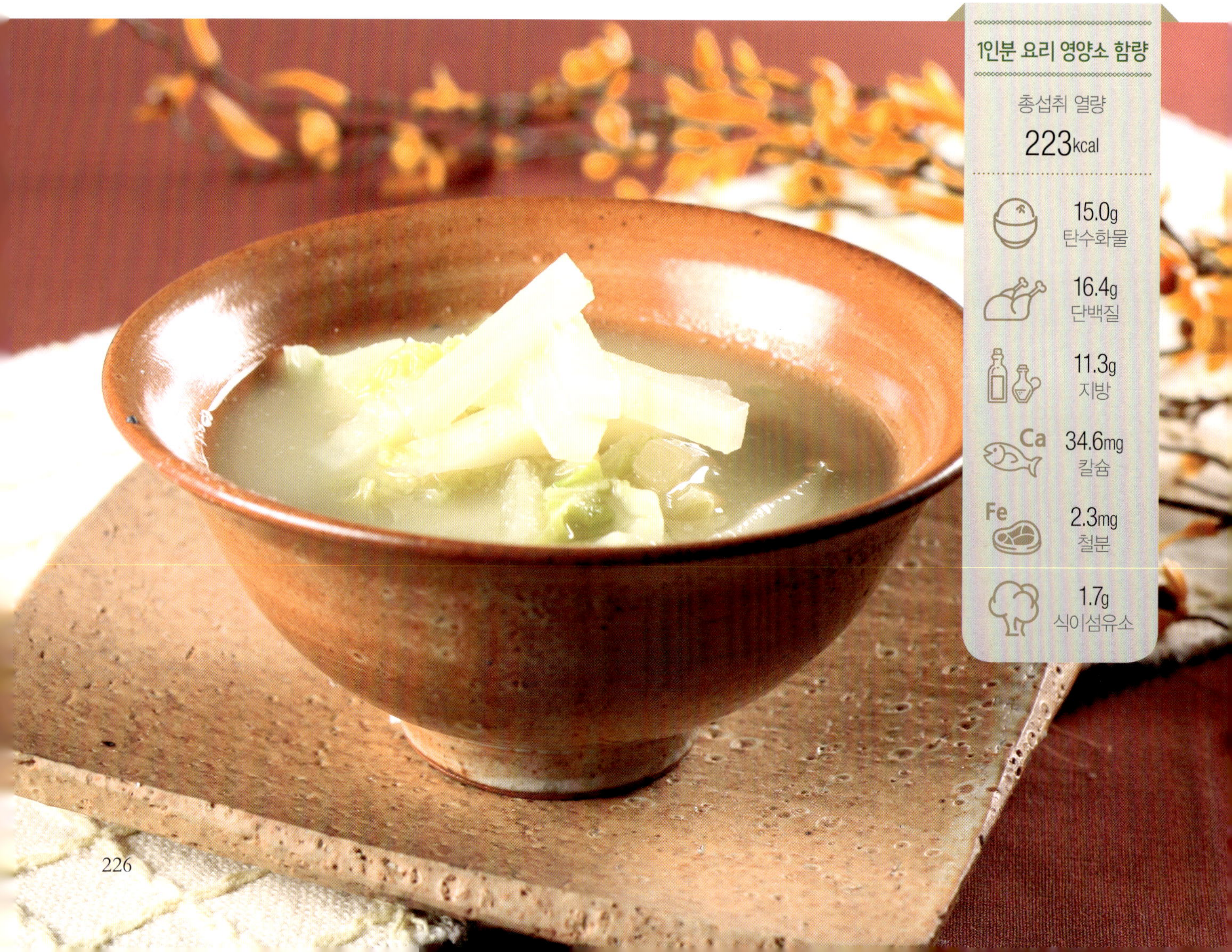

1 물에 육수용 멸치와 건다시마를 넣고 육수를 만든다.

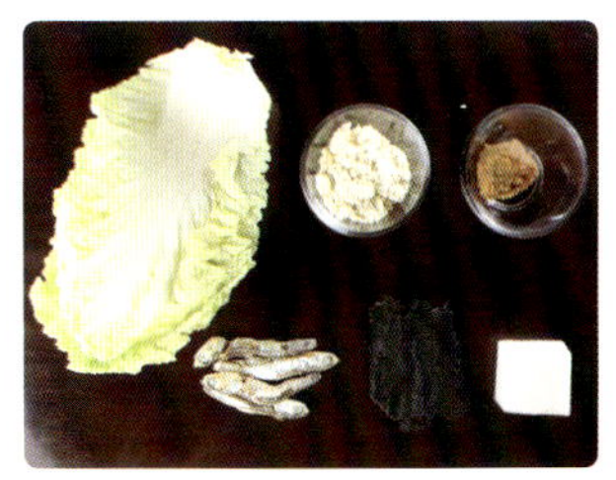 재료

배추	60g
날콩가루	10g
된장	10g
육수용 멸치	5g
무	30g
건다시마	5g
물	200cc

2 배추는 살짝 데쳐 물기를 짜고 무와 함께 먹기 좋은 크기로 썬다.

3 배추를 날콩가루로 버무린다.

4 육수에 된장을 풀고 배추와 무를 넣어 끓인다.

TIP

다시마는 오래 끓이면 점액질이 나와 육수가 탁해져요.

콩나물 콩가루 무침

고소한 콩가루로 무친 콩나물은 다른 양념 없이 간편하게 만들 수 있으며
겨울철에 입맛이 없는 어르신들의 밥맛을 돋운다.

영양정보

콩가루는 국에 넣거나 나물에 무칠 때 첨가한다. 콩의 사포닌이 체내 요오드를 몸 밖으로 배출시키므로 요오드가 풍부한 미역이나 다시마와 함께 섭취하면 좋다.

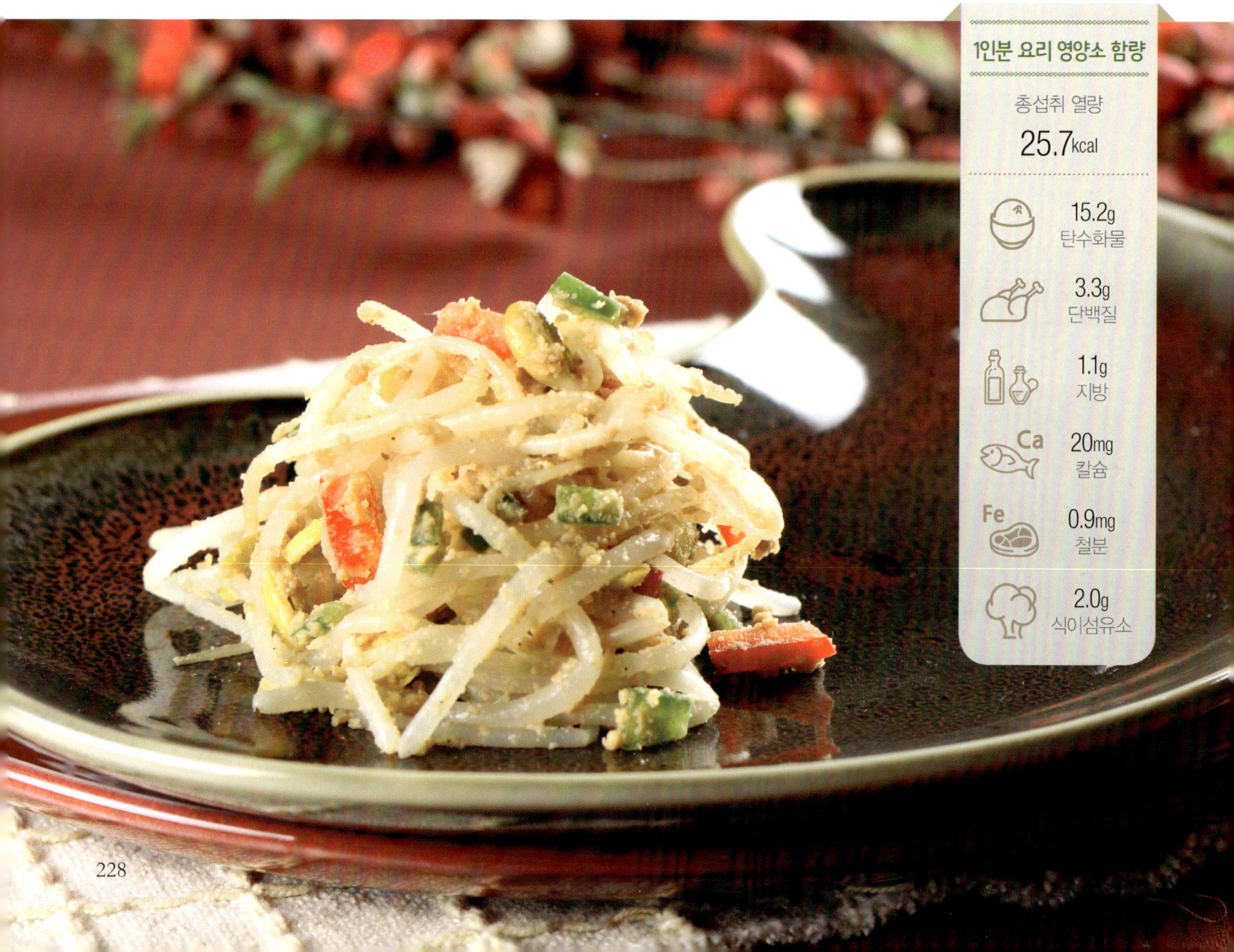

1인분 요리 영양소 함량

총섭취 열량
25.7kcal

15.2g	탄수화물
3.3g	단백질
1.1g	지방
20mg	칼슘
0.9mg	철분
2.0g	식이섬유소

1 콩나물은 끓는 물에 데친다.

 **재료**

콩나물	60g
볶음 콩가루	10g
청피망	2g
홍피망	2g
소금	약간

2 데친 콩나물을 씻은 후, 체에 밭쳐 물기를 뺀다.

3 청피망, 홍피망은 짧게 채 썬다.

4 콩나물과 청피망, 홍피망을 넣고 소금과 볶음 콩가루로 버무린다.

강황 톳밥

몸에 좋은 강황과 톳이 어우러진 강황 톳밥은 겨울동안 운동이 부족한 어르신들의 변비와 비만을 예방 할 수 있다.

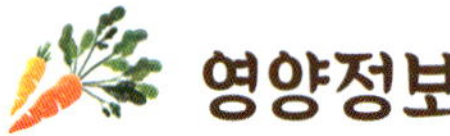

영양정보

맵고 쓴 맛이 나는 강황에 함유되어 있는 커큐민은 항산화, 항암작용 및 치매 예방에 효과적이다. 바다에서 나는 톳은 칼슘, 요오드 등이 풍부하다. 특히 철분은 시금치의 3배 이상 함유하여 빈혈 예방에 효과적이다.

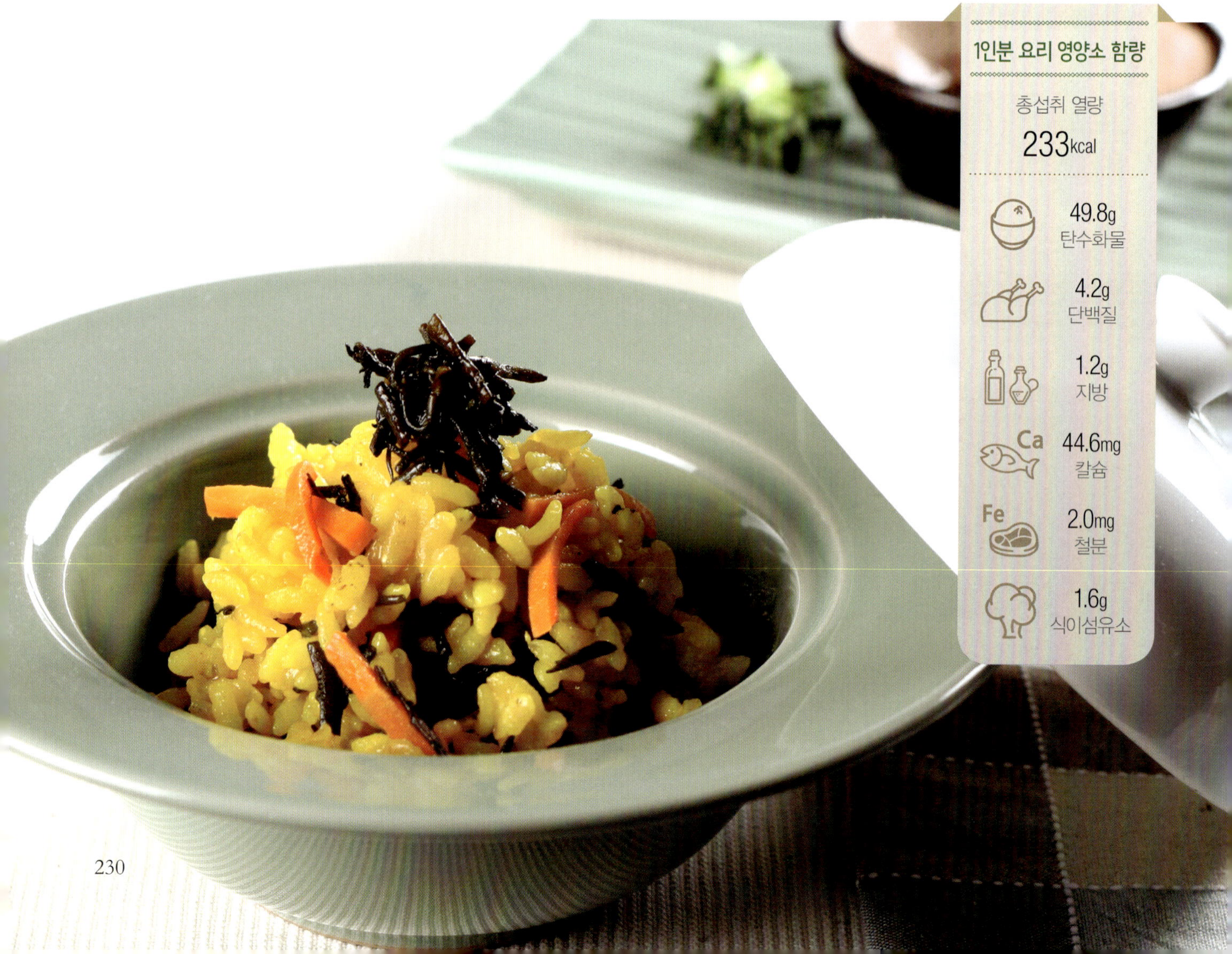

1인분 요리 영양소 함량

총섭취 열량
233kcal

49.8g	탄수화물
4.2g	단백질
1.2g	지방
44.6mg	칼슘
2.0mg	철분
1.6g	식이섬유소

1 불린 쌀에 강황가루와 물을 넣어 밥을 짓는다.

2 당근은 채 썬다.

3 불린 톳은 먹기 좋게 썬다.

4 밥이 뜸 들기 시작할 때, 톳과 당근을 넣고 뜸을 들인 후, 무순을 넣고 밥을 담아 양념장에 곁들인다.

 **재료**

주재료

강황가루	3g
쌀	60g
불린 톳	50g
당근	20g
무순	2g

양념장

참기름	1g
진간장	5g

 **TIP**

뜸 들일 때 간장과 참기름을 넣고 뒤적여 주면 톳의 향이 배어 좋아요.

곤드레 감자밥

한 끼 식사로 충분한 열량섭취가 가능하고 조리법도 간단해 어른신들이 손쉽게 만들 수 있다.

 **영양정보**

곤드레 나물에는 단백질, 비타민, 칼슘이 풍부하여 부재료가 많지 않아도 여러 가지 영양소를 골고루 섭취할 수 있다. 또한 식이섬유가 풍부하여 다이어트에도 손색이 없을 정도로 좋으며, 소화가 잘 되고 위에 부담이 적어서 소화기능이 약한 어른신들에게 좋은 식재료이다.

1인분 요리 영양소 함량

총섭취 열량
242.2kcal

	58.4g	탄수화물
	13.4g	단백질
	1.1g	지방
Ca	16.4mg	칼슘
Fe	1.5mg	철분
	1.5g	식이섬유소

1 삶은 곤드레나물은 잘 씻어서 먹기 좋은 크기로 썰고, 들기름에 버무린다.

2 감자는 한입 크기로 썬다.

3 냄비에 불린 쌀, 곤드레나물, 감자를 얹고 밥을 짓는다.

4 밥에 양념장을 곁들어낸다.

 **재료**

주재료

삶은 곤드레나물	40g
감자	30g
쌀	60g
들기름	약간

양념장

진간장	10g
쪽파	2g
다진 마늘	2g
깨소금	약간
들기름	약간
고춧가루	1g

 **TIP**

말린 곤드레 나물을 쌀뜨물에 삶으면 묵은 냄새가 없어지고 식감이 부드러워져서 좋아요.

당뇨병이 있는 어르신들은 감자는 빼고 곤드레 나물을 넉넉히 넣어서 만드는 것이 좋아요.

느타리 미나리 무침

면역력을 높이고 항암효과가 뛰어난 느타리버섯을 미나리와 함께 먹으면

겨울 동안 몸 안에 쌓인 노폐물을 밖으로 배출시켜서 맑고 깨끗한 기운으로 건강한 겨울을 지낼 수 있다.

 **영양정보**

미나리는 특유의 향으로 입맛을 돋우고 비타민A와 C가 풍부하여 면역력 향상에 도움을 준다. 느타리버섯은
열량이 매우 낮고 섬유소와 수분이 풍부해서 포만감을 주며 비만 예방에 효과적이다.

1인분 요리 영양소 함량

총섭취 열량
51.5kcal

13.1g 탄수화물

7.1g 단백질

0.14g 지방

Ca 14.9mg 칼슘

Fe 0.8mg 철분

2.2g 식이섬유소

1 느타리버섯은 손질하여 데친 후 물기를 제거한다.

2 미나리는 끓는 물에 소금을 살짝 넣고 데쳐서 찬물에 헹군다.

3 미나리는 느타리버섯 크기로 자른다.

4 느타리버섯과 미나리에 양념장을 넣어 버무린다.

 **재료**

주재료

느타리버섯	40g
미나리	20g
소금	약간

양념장

고추장	10g
사과식초	3g
황설탕	5g
다진 마늘	약간

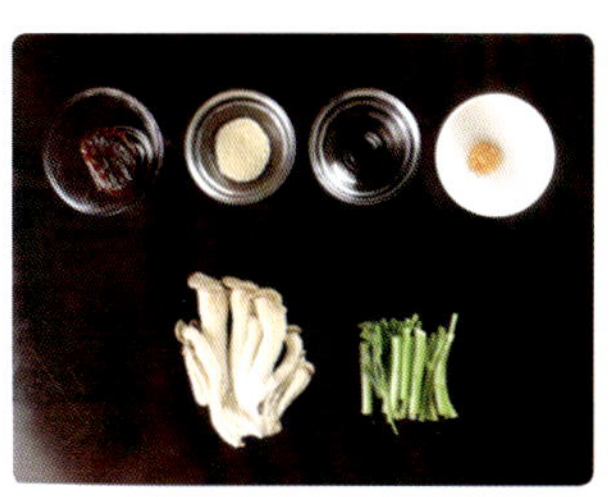

도라지 무밥

도라지의 향긋한 향이 살아있는 도라지 무밥은 혈액을 맑게 해주는 영양밥으로
겨울철 감기 예방에 좋으며 도라지와 무는 기침과 천식에 효과적이다.

 ## 영양정보

도라지에 풍부한 사포닌 성분은 피를 맑게 하여 고혈압과 당뇨에 효과적이며 천식, 치매 예방에 도움을 준다.
특히 도라지의 이눌린 성분은 혈당을 감소시키는 효과가 있다. 무는 갈증을 없애 주는 효과가 있어 소변을 많
이 보면서 갈증을 느끼는 당뇨환자에게 많은 도움을 준다.

1인분 요리 영양소 함량

총섭취 열량
298kcal

57g	탄수화물
11.1g	단백질
2.4g	지방
Ca 40mg	칼슘
Fe 3.0mg	철분
2.2g	식이섬유소

1 무, 도라지는 각각 5×0.5cm 길이로 채 썬다.

2 밥솥에 불린 쌀, 무, 도라지를 얹은 후, 물을 붓는다.

3 다진 쇠고기는 양념장으로 30분 정도 재웠다가 팬에서 볶는다.

4 밥에 볶은 쇠고기를 얹어 비빈다.

 **재료**

주재료

도라지	20g
무	40g
다진 쇠고기	20g
쌀	60g
물	100cc

양념장

다진 파	약간
다진 마늘	약간
참기름	약간
깨소금	약간
진간장	3g
생강즙	2g
황설탕	2g

치커리 단감무침

신선한 치커리와 단감이 어우러져 겨울동안 부족하기 쉬운 각종 비타민과 무기질을 제공하고 치커리의 쌉싸름한 맛으로 어르신들의 입맛을 돋운다.

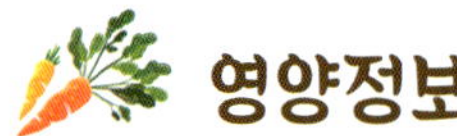

영양정보

최근 건강식품으로 각광받고 있는 치커리에는 이눌린이 풍부하여 장내 유기산의 함량을 증가시켜 정장작용에 효과적이다. 또한 치커리는 카로틴과 칼슘이 풍부하며, 장내 콜레스테롤 흡수를 낮추어 혈액 내 콜레스테롤 함량을 낮추는 데에도 효과적이다.

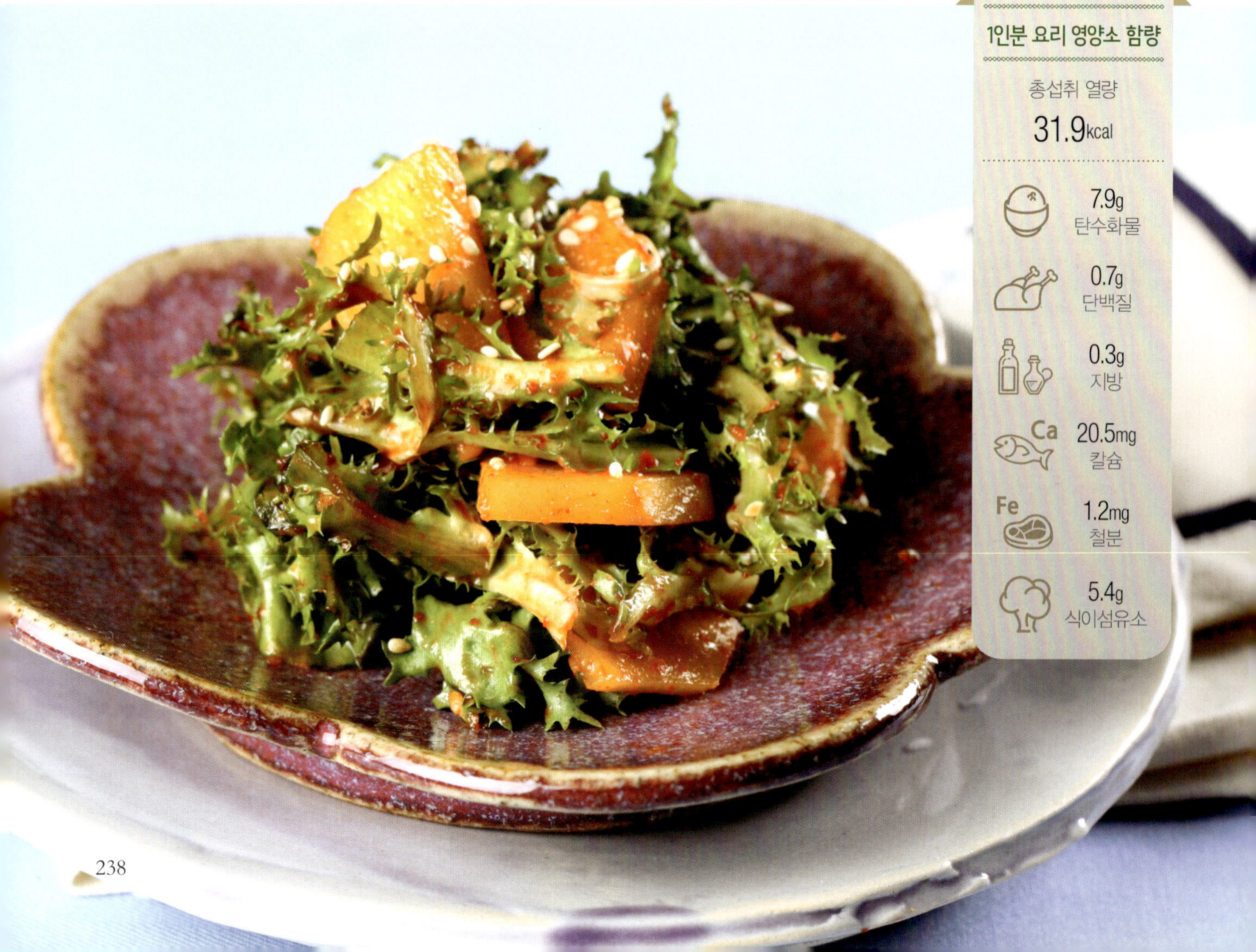

1인분 요리 영양소 함량

총섭취 열량
31.9kcal

탄수화물	7.9g
단백질	0.7g
지방	0.3g
Ca 칼슘	20.5mg
Fe 철분	1.2mg
식이섬유소	5.4g

1 단감은 껍질을 벗겨 채 썬다.

2 치커리는 깨끗이 씻어 먹기 좋게 자른다.

3 단감과 치커리에 양념장을 넣어 버무린다.

4 3에 통깨를 뿌린다.

 **재료**

주재료

단감	20g
치커리	40g
통깨	약간

양념장

식초	5g
고춧가루	약간
소금	약간
황설탕	2g
다진 마늘	1g

TIP

먹기 직전에 양념장을 넣으면 채소의 아삭아삭한 식감을 살릴 수 있어 좋아요.

2015 노인 일일 영양필요량 권장섭취량

보건복지부, 2015

성별	연령	에너지 (Kcal/일)	단백질 (g/일)	칼슘 (mg/일)	철 (mg/일)	비타민 A (ug RAE/일)	비타민C (mg/일)	티아민 (mg/일)	리보플라빈 (mg/일)	니아신 (mg NE/일)	비타민B$_6$ (mg/일)	엽산 (ug DFE/일)	비타민 B$_{12}$ (ug/일)	수분* (ml/일)
남	65–74	2,000	55	700	9	700	100	1.2	1.5	16	1.5	400	2.4	2,100
	75이상	2,000	55	700	9	700	100	1.2	1.5	16	1.5	400	2.4	2,100
여	65–74	1,600	45	800	8	550	100	1.1	1.2	14	1.4	400	2.4	1,800
	75이상	1,600	45	800	7	550	100	1.1	1.2	14	1.4	400	2.4	1,800

*표시는 충분섭취량

2015 한국인 영양소 섭취 기준 에너지 적정 비율

영양소	에너지 적정비율		
	1~2세	3~18세	19세 이상
탄수화물	55~65%	55~65%	55~65%
단백질	7~20%	7~20%	7~20%
지질(총 지방)	20~35%	15~30%	15~30%

참고문헌

식품영양소 함량 자료집, 한국영양학회, 도서출판 한아름기획, 2009

노년의 건강을 지켜주는 식사요법, 김평자, 도서출판 작은 우리, 2003

2015 한국인 영양소 섭취기준, 한국영양학회, 2015

암에 좋은 진수성찬, 김평자, 웅진 씽크빅, 2007

우리집은 친환경 반찬을 먹는다, 정영옥, 경향 미디어, 2014

노인복지론, 권중돈, 학지사, 2016

노인을 위한 영양과 식사케어, 조추용, 공동체, 2015

노인상담론, 박재간 외 4인, 공동체, 2011

건강한 식생활 노인을 위한 영양교육 프로그램, 보건복지부, 한국건강증진재단, 2009

식품재료학, 노봉수 외 6인, 수학사, 2011

식품재료학, 김나영 외 7인, 지식인, 2014

저자소개

오희경　장안대학교 식품영양과 교수

조재선　군포지샘병원 영양팀장

김효선　장안대학교 호텔조리과 겸임교수

진현희　인천재능대학교 한식명품조리과 겸임교수

박상일　봉담효가요양원 원장

김덕희　한림대학교 성심병원 영양팀장

권오균　장안대학교 사회복지과 교수

 ## 어르신 집반찬 요리

발행일	2016년 11월 1일 초판 인쇄
	2016년 11월 4일 초판 발행
지은이	오희경·조재선·김효선·진현희
	박상일·김덕희·권오균
발행인	김홍용
펴낸곳	도서출판 **효일**
디자인	에스디엠
주소	서울시 동대문구 용두동 102-201
전화	02) 460-9339
팩스	02) 460-9340
홈페이지	www.hyoilbooks.com
Email	hyoilbooks@hyoilbooks.com
등록	1987년 11월 18일 제6-0045호
정가	23,000원
ISBN	978-89-8489-409-9